父母学校书系
PARENTS' SCHOOL
美好家庭 科学教育

万墨轩图书
WIPUB BOOKS

A Mindfulness Program
for Teaching Children and Adolescents to Ease Stress and Difficult Emotions

A Still Quiet Place

孩子压力大怎么办

用正念缓解压力和坏情绪

［美］埃米·萨尔茨曼 著

蒋春平 译

AMY SALTZMAN

江西教育出版社
JIANGXI EDUCATION PUBLISHING HOUSE

著作权合同登记：图字 14-2017-0517

图书在版编目（CIP）数据

孩子压力大怎么办：用正念缓解压力和坏情绪 /（美）埃米·萨尔茨曼著；蒋春平译. -- 南昌：江西教育出版社，2018.8
（父母学校书系）
ISBN 978-7-5392-9784-2

Ⅰ.①孩… Ⅱ.①埃… ②蒋… Ⅲ.①压抑(心理学) －青少年读物 Ⅳ.①B842.6-49

中国版本图书馆 CIP 数据核字(2017)第 243825 号

版权声明

A STILL QUIET PLACE: A MINDFULNESS PROGRAM FOR TEACHING CHILDREN AND ADOLESCENTS TO EASE STRESS AND DIFFICULT EMOTIONS

By AMY SALTZMAN, MD, FOREWORD BY SAKI SANTORELLI, EDD, MA

Copyright ©2014 BY AMY SALTZMAN

This edition arranged with NEW HARBINGER PUBLICATIONS through BIG APPLE AGENCY, INC., LABUAN, MALAYSIA.

Simplified Chinese edition copyright © 2018 Jiangxi Education Publishing House Co., Ltd

All rights reserved.

孩子压力大怎么办
——用正念缓解压力和坏情绪

HAIZI YALIDA ZENMEBAN
——YONG ZHENGNIAN HUANJIE YALI HE HUAIQINGXU

［美］埃米·萨尔茨曼/著　蒋春平/译

江西教育出版社出版
(南昌市抚河北路 291 号　邮编：330008)
各地新华书店经销
江西省和平印务有限公司印刷
880 毫米×1230 毫米　32 开本　11 印张　字数 186 千字
2018 年 8 月第 1 版　2018 年 8 月第 1 次印刷
ISBN 978-7-5392-9784-2
定价：46.00 元

赣教版图书如有印装质量问题，请联系我社调换　电话：0791-86710427
投稿邮箱：JXJYCBS@163.com　电话：0791-86705643
网址：www.jxeph.com

赣版权登字-02-2018-96
版权所有　侵权必究

出 版 说 明

  家庭是社会的基本组成部分，也是人生的第一所学校。据《中国教育报》2017 年 12 月 14 日报道，中国目前有 3 亿多未成年人家庭。在当下这样一个经济全球化、社会信息化与价值多元化的世界里，我们面对的挑战都是空前的；特别是技术发展的脚步如此之快，几乎每个人都能在时代的车轮声中本能地感受到威胁。在这种大环境下，父母们面对的挑战也是空前的，除了传统的教育问题，一些具有时代特征的教育问题也困扰着众多家庭：

  如何开发孩子的智力？面对爱挑食的孩子我们该怎么办？孩子注意力不集中父母该怎么办？现代儿童和青少年要承受来自家庭、学校及同龄人的重重压力，身为父母的我们如何才能帮助孩子掌握压力管理的技能、情绪管理的方法,提高自我调节的能力,让他们健康快乐地成长?青春期的孩子有哪些特点、烦恼,身为父母的我们该如何帮助他们?什么时候和怎么样对孩子进行性教育?到底该不该在孩子未成年时就把他们送到国外去学习?发光的屏幕科技对孩子的大脑发育有哪些影响,我们该如何帮助孩子戒掉屏瘾?……

不仅是子女教育问题,还有家庭关系、夫妻关系等诸多问题也困扰和冲击着人们焦虑不安的心灵。迅速变化的社会,带来越来越多的不确定性,这就要求现代人特别是为人父母者需要不断地学习。

家庭教育最终要走向自我教育。家长通过自我教育,维系好夫妻感情,营造出和谐的亲人关系,其乐融融的家庭环境,这是教育好孩子的一个基本前提;如果通过学习能在脑科学、认知科学、发展心理学和教育学等科学的基础上做到真正的科学养育,那么就可以养育出身心健康的孩子,并为孩子未来的良好发展打好基础。

我们希望通过出版国内外专家学者的关于家庭建设、婚姻经营、亲子教育方面的书籍,为父母读者们带来一些启发,并在一定程度上提供有益的指导,帮助父母们更好地进行自我教育,于是我们精心策划了这套"父母学校书系"。书系将甄选国内外心理学、神经科学、教育学、认知科学等领域的权威专家和学者之图书作品，在这些作品中他们将与读者分享其多年的研究成果，以及经过实践检验行之有效的方法。希望这套书能成为父母自我教育的参考书，也提醒父母们在为孩子提供"面向未来的教育"的同时，为人父母者能起到表率作用：拥抱这个变化的时代，与时俱进；与孩子一起不断学习，共同成长。

编 者

2018 年 5 月

目录

推 荐 序		001
本书简介		007
一	为什么要将正念介绍给年轻人？	015
二	找到你的路：教学与指导方法	045
三	分享"安静的一角"	053
四	第1课 吃一口，呼吸一下	083
五	第2课 重新开始	109
六	第3课 思想观察和非友善思维	123
七	第4课 情感与不愉快经历	143
八	第5课 回应与反应：黑洞与不同的出口	169
九	第6课 回应与沟通	193

十	第7课 沟通与爱	215
十一	第8课 呼气的结束	243
十二	准备好了吗？与孩子们拜访"安静的一角"所需的素质与能力	255
十三	提示及注意事项	269
十四	同时向家长和儿童教授正念	285
十五	最新的学术观点及研究	293

附录A 展示或宣传正念	315
附录B 课程大纲	322

参考文献	329
致谢	335

推荐序

  我们的儿童是我们最宝贵的财富,但他们自己拥有的财富却被隐藏了,有待挖掘。父母、老师及全人类的工作就是引导他们发现自己生来就有的不朽财富和不衰光芒。

  如果你关心儿童,想要开发他们的深层遗产,发展他们与生俱来的直接理解身体、头脑和内心的能力;使他们学会做出更加明智的选择;培育能让他们在这个世界上占据一席之地的资源,那么请打开这本书,直接体会埃米·萨尔茨曼博士所要传递给我们的东西。

  据了解,美国儿童承受的压力正在上升。大部分的压力是有害处的,会夺走我们国家最宝贵的财富:生机勃勃、充满热情的年轻人。有数据明确揭示出:与1980年相比,2010年美

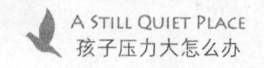

国儿童面临的情况更加糟糕。根据儿童保护基金会发表于2010年的一份名为《美国儿童现状》的报告，在工业国家中，美国的国内生产总值、卫生经费支出、亿万富豪的数量排名均是第一。同时，15岁儿童的数学和科学分数排名却很不堪。在童年贫困、枪支暴力和青少年出生率方面排名最后。每1秒就有一个儿童被停课；每11秒就有一名高中生辍学；每20秒就有一个学生受到体罚；每3个小时，就有一个儿童或青少年被枪杀；每5个小时，就有一个儿童或青少年自杀；每6个小时就会有一个儿童或青少年死于虐待或疏于照顾。

面对这些事实，我们可以否定其存在，感到不堪重负，麻痹自己，也可以行动起来。身为一位母亲、医生、科学家和老师，埃米·萨尔茨曼明智地选择了行动。她通过辛勤的劳动创造出了一种全新的观点和方法，教导儿童们专注于目标，参与他们所见、所感、所知的事物并待之以善意。如同她之前的伟大教育家们那样，埃米致力于帮助我们的儿童在生活中开展探险，从而不断提高专注于生活的能力。

埃米将正念解释为"全人类都具备的带着善意和好奇心集中注意力的一种能力。"请注意是要带着善意和好奇心。我猜对于我们大部分人来说，当我们的父母或老师劝告我们"集中注意力"时，他们没有将"善意和好奇心"包括在内。但有了这几个字，事情就会大不一样。这是一段埃米和一个四年级学生的对话（对话前的一个星期内发生了很多不愉快的事情），我们从中可以看到埃米那典型的充满友善和好奇心的方法，以及娴熟从事这份工作的精妙之处。

埃米：好，安吉拉。什么事让你不开心啦？

安吉拉：我想和朋友出去玩儿，但是妈妈让我先把房间打扫好。

埃米：是啊，不能做自己想要做的事情会让人不开心的。你现在怎么想？

安吉拉：我讨厌妈妈。我妈妈真小气。她从来不让我做自己想做的事情。这不公平。

埃米：你能意识到这些非常好，你想到了很多。那么你都有哪些感受呢？

安吉拉：我又愤怒又伤心。

埃米：其他的呢？

安吉拉：实际上，我也生自己的气，因为妈妈之前给我说过要打扫房间，但是我给忘了。

埃米：非常好的想法。有时候，和反思自己的选择相比，迁怒于他人容易多了。当所有的思想和情绪翻腾的时候，你的

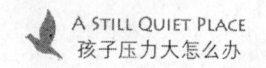

身体发生了怎样的变化？

安吉拉：呃，我胳膊和手臂有点绷紧，脸有点扭曲和狰狞。

埃米：安吉拉，谢谢你勇敢分享自己的经历。还有其他人想要分享不愉快的事情吗？

如你所见，交流会上分享的很多东西对安吉拉（和她的同学们）目前和未来的生活都是很有帮助的。埃米帮助安吉拉仔细体会经历过的思想、情感和身体感知，以此帮助安吉拉认清自己经历的真实面目。

为什么这很重要？因为研究表明控制冲动和情感的能力对儿童的行为有着巨大的影响。科学研究表明：与智商（IQ）、入门级阅读或数学分数相比，自我调节的能力似乎与学术成绩的联系更加紧密，并且自我调节训练还可以有效降低学业不佳的概率。

正念似乎有助于人们提升管理能力（即自我调节的能力），提升情商，同时还鼓励换位思考，因此能够培养共情和同情行为的能力。

更多的科学研究帮助我们理解正念在我们儿童生活中的作用，已经有初步的证据表明正念有很多积极的益处。

我们要记住正念并不是宗教，它是一种通过刻意教授全人

推荐序

类都可习得的一种能力。事实上，正念训练是非常具有美国特色的。我们美国伟大的教育家约翰·杜威说过"一盎司的体验好过一吨的理论"。埃米了解这一点。她的课程和解说一遍又一遍地强调了这一观点。实际上，埃米正在要求她所教授的学生从概念转向具体可见，从而展开自己的生活。安吉拉的故事就是现实生活中一个真实的例子。作为埃米的学生，现在，安吉拉有机会去进一步理解自己的行为，从而开始改变自己对外界的反应。对于我们来说，还有什么动因比认识和塑造自己的生活更好了？

这本书表达了我们对儿童及他们珍贵生命的深深尊重。它是一张地图，指引我们把正念更加全面地应用到教学、社区和儿童的家庭中。尽管我们的出发点是好的，但也可能会辜负儿童们对我们的深深信任。了解得越深，我们就会做得更好。他们的光芒与美好有待我们去持续地培育。

埃米正是我们的领路人。

萨奇·桑托莱利

教育学博士、文学硕士、医学教授、正念减压诊所主任
麻省大学医学院医学、保健与社会正念中心常务董事

本书简介

本书对课时八周的"安静的一角"正念训练课程提供了详细的一步步的指导，意在为同行和朋友搭建沟通渠道，便于他们和年轻人分享正念训练方法。在我们的交流中，当我们探讨与儿童和青少年分享"安静的一角"（也被称之为觉知）和正念训练的多种方法时，我们会挑战和激励彼此。

本书的宗旨在于帮助老师、学校辅导员、治疗师、内科医生、教练员、医务辅助人员和父母——任何与青少年工作、玩耍、生活在一起的人以及关心青少年的人——将已在科学上被证实的、有益的正念训练介绍给年轻人。因为组建团体是与青年人分享正念的最普遍的形式，本书将着重笔墨于团体训练。然而，书中介绍的那种方法在很多场景中都是适用的，无论是在朴素

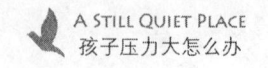

简陋的治疗室,还是破瓦硬砖堆砌的学校,亦或是起居室内舒适的沙发上。这本书适用于那些和你一样,坚持做日常正念训练(或愿意培养这一能力的)和深爱年轻人的那些人。

"安静的一角"这个词包括多个维度的正念。生理方面,它指的是安静与静止的感觉,那种呼与吸之间的短暂停留。此时此地,如果你可以花一点时间感知一下你的呼吸,你就可以找到这个"安静的一角"。看你能否感觉到存在于呼与吸之间的那个"安静的一角"。

当儿童和青少年训练自己将注意力集中在呼吸上,在每次呼吸之间的停顿处休息时,他们就体验到了自己体内那种自然、踏实的安静与静止。随着时间的推移,他们发现自己能感知到呼吸,可以在"安静的一角"休息,还能把善意和好奇心带入到自己的思想、情感、身体感知、冲动和行为中,带入到和别人进行互动的过程中。最终,对内部与外部世界的观察会帮助年轻人做出更健康、更明智、更具同情心的选择,尤其是当他们碰到典型的日常挑战时——如操场上的恶霸、数学难题,或能使他们做出危险行为的诱惑。

对成年人来说,"安静的一角"可以被理解为正念或单纯的、富有同情心的连续不断的觉知。你在阅读本书的过程中会发现每一章的内容都将在这些词汇的基础上展开,更为重要的是,其基础也是年轻人日常生活中对"安静的一角"和正念的体验与应用。

这本书针对4到18岁不同年龄段的儿童或青少年，并且也为治疗师和父母提供了针对单个儿童的个人方法。萨尔茨曼和戈尔丁于2008年研究证明：这本书中的训练方法可以减轻学生们的焦虑。他们的书面研究报告称参与了该课程的儿童们说自己变得更加冷静、注意力更加集中，对家庭作业和考试感到的压力也减小了。更重要的是，他们也说自己没有那么情绪化了，对自己和他人的同情心也增加了。

本书的理论基础借鉴自乔·卡巴金、萨卡·圣雷利和他们的同事在医学、卫生保健和社会正念中心取得的研究成果。然而，本书中的课程内容——同时也应用在我的医室及各类课堂中——则是基于现实生活中我作为全科医生、妻子、母亲、正念老师、运动员、诗人的经历，还基于我在光恩培训学校里长期学习本体论（即研究本质的哲学）的结果。请探索并相信自己的生活经验，并把自己所知的一切分享给他人，并和他们一起分享"安静的一角"这个课程。

"安静的一角"的故事

把发现"安静的一角"的训练分享给儿童和青少年,对我来说,这既来自专业上的需求也有深刻的个人原因。作为一名医生,我经常看到压力对儿童、青少年和成人的身体、精神及情感的摧残。作为一名正念老师,我看到过来自不同生活环境、不同年龄段的人。他们都运用正念疗法找到了内心深处的"安静的一角",减少了自身的压力,生活变得更加快乐和充实。

就我个人来说,正念训练(集中注意力,此时此地,带着善意和好奇心,然后选择自己的行为)是自己生命中心智健康、优雅得体和幸福快乐的纯净源泉。甚至在具有挑战性的时期——或者说尤其是在这些时期——正念让我对自己内部和外部世界所起的变化都更加明了。有时,这样程度的觉知足够让我停下来去发现自己当时的真正需求。这绝不意味着我会一直保持清醒或优雅。尽管已有数年的训练体验,我有时还会为自己的愚笨和无情感到沮丧。很多时候,我都表现得无礼。

尽管这样,或许正是因为这样,我的儿子杰森在快三岁时问我他是否可以和我一起冥想(练习正念)。当时,我的女儿妮可只有六个月大,我们都在适应这个新的家庭成员的到来。我感觉杰森知道我俩一起训练时我会平静地把自己所有的注意力放在他身上。他向我撒娇，促使我开始和他一起练习正念。我俩的练习内容也包括在这本书中，都是一些基础的众所周知的正念训练。具体的例子包括正念饮食和身体扫描。其他的，如下面的情感训练，都是当我们一起肩并肩坐在楼梯上或晚上躺在床上时自然而然地进行的。

当下进行正念情感训练

　　一天下午，杰森想要某样东西，我说不可以。他非常伤心、难过。我也不清楚自己应该做什么，于是就问他是否愿意做"悲伤冥想。"他同意了。所以，凭着直觉，我向他提出了下列那些问题，让他花时间慢慢地探究自己的悲伤。

　　你的悲伤在体内什么位置？

　　它们像什么东西？

　　它们是小的还是大的？硬的还是软的？重的还是轻的？热的还是冷的？

　　它们的颜色只有一种还是好几种？

　　它们有声音吗？

　　它们想要从你身上得到什么？

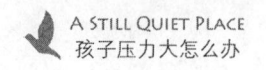

说实话，我只记得他对于最后一个问题的答案。他当时回答"爱"，然后马上问，"我能和它们在一起玩吗？"就是那样。他已经和情绪成了朋友，也做好了前行的准备。

创建项目

在向儿童分享正念并反复阅读有关儿童压力的专业书籍和文学书籍之后，我开始这样思考：

☆ 如果儿童和青少年学会了正念生活技能，长大后仍保持与内在"安静的一角"的熟识，他们会从中受益吗？

☆ 如果年轻人学会观察他们的思想、情感和身体的感知，面对压力带来的不利影响，他们会变得坚强吗？

☆ 如果儿童和青少年能够保持自然的平静感觉，相信自己内在的智慧，他们会不会不再容易受到来自同伴的消极影响，不在具有潜在风险的行为中释放自己吗？

☆ 当年轻人训练正念的时候，他们天生的情商会得到提升吗？他们礼貌沟通和同情行为的能力会提高吗？这种训练会帮助他们发展健康关系并用自己的天赋为世界做出贡献吗？

最初，我是通过向小学和社区中的儿童分享正念这种非正式的方法来探究这些问题的答案的。那些四岁及以上的儿童喜欢这些方法，似乎从训练中获益了。大体上，老师说如果在一天的开头就拜访"安静的一角"的话，学生们会更加冷静，注意力也更加集中。他们还说学生对他们青少年生活中日益复杂的思想和情感认识得更加清晰了，因此也能够更好地加以应对。

这种用非正式方法开展的探索发展成斯坦福大学心理学院临床应用情感神经学实验室的正式科学研究，并且得到了迈阿密大学阿米什·杰哈博士的支持。我曾把这本书中提到的正念训练方法传授给三至六年级的儿童以及他们的父母，训练地点是心理学院及两所低收入家庭儿童为主体的公立小学。（我们将在最后一章回顾儿童-家长研究以及正念对年轻人益处的其他研究之最初成果。）

一
为什么要将正念介绍给年轻人？

首先，我先简单声明一下：正如在前言中提到的那样，在儿子撒娇式的要求下我开始与他共同练习正念。一段时间之后，我对很多儿童和青少年所要频繁经受的挑战、压力和痛楚有了更进一步的了解。显然他们非常需要学习必要的生活技巧，因为这些技巧能赋予他们以智慧和同情心，在复杂的世界中为他们导航。我个人的正念练习经验，将正念传授给成年人并亲眼目睹他们减少焦虑更加轻松生活的经历，以及和我儿子共同练习的乐趣，都鼓舞着我把正念传授给其他儿童。起初，向年轻人分享正念，一方面是基于对这一疗法的信心，另一方面是认定我们对年轻人的反思、友善及成熟做事等各种能力的培养长期力度不足。

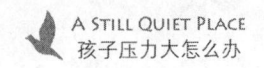

如今，12多年之后，在行动力、情商以及社会发展方面的以往及最新研究成果让我和该领域内的其他先行者具备了十足的信心让年轻人参与到这些训练中来。在第17章中，我勾勒出一个学术框架，在这个框架中，各种能力相互依赖、互助发展，并检查哪些能证明正念可以提高这些能力的证据。

童年压力

我和全球各地的同行正在向儿童和青少年传授正念，因为我们几乎所有人都希望自己在童年就接触到正念。致力于这项事业的我们都相信青年人会像成年人一样从中获益，他们会学会集中自己的注意力，变得更加沉稳，对自己和他人更具同情心，生活也会变得更加充实。他们以后会遭遇现代生活中那些日常压力，更别说那些挑战更大的学习压力、家庭矛盾、经济困难、家庭隐患、邻里暴力。在这之前，我们将把这项技能传授给年轻人们。

不幸的是很多儿童已经正在经历这些事情了，很大程度上是因为我们的社会价值观认为行动高于存在，结果重于过程。我们的文化倾向于把考试分数、财富、和地位看的比快乐、人际关系和幸福更加重要。透过科学研究和媒体报道，我们能够了解到年轻人的生活压力在日益增加。一些压力仅存在于我们这个媒体市场饱和的快节奏西方世界。对于其他人来说，压力则来自被推着去工作、取得所谓的"成功"和考进一所"好"大学。还有一些人，他们的压力则是必须要在极为严酷甚至令人痛苦的家庭和生活环境中生存下来。

如今，大量不同种族、教育背景、社会经济水平的儿童和青少年被诊断出患有注意力缺陷多动症、抑郁症、焦虑症、肥胖症、饮食不规律、药物上瘾等病症，做出自残等自毁行为，甚至会自杀。哥伦比亚大学师范学院心理学与教育学博士索尼亚·路德于 2003 年独自做的研究及 2012 年和巴克金共同做的研究中记录了富足和低收入阶层的青少年患有这些疾病的数据。他们被残酷对待、被霸凌、被暴力对待的比率正在上升。没人能够幸免。

我们需要竭尽全力帮助年轻一代免受现代生活压力以及相关疾病的困扰，传授给他们可以终身受益的技能。等到他们 45 岁丢掉工作或患上心脏病的时候再去学习这一疗法，这是绝对不行的。在下面对埃文斯在 2009 年所做调查的讨论中，需要特别指出的是有数据表明长期的压力会对执行能力的发展，尤其是对短时记忆产生消极的影响。因此很可能对情商、社交能力及道德行为产生消极的影响。

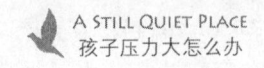

正念减压疗法的发展历史

在讨论正念和正念减压疗法的组成要素之前，让我们简单回顾一下正念疗法的发展历史以及那些让人记忆深刻的证明正念减压疗法有益于成年人的研究案例。所有的正念减压疗法都是基于卡巴金博士创建的项目，他在马萨诸塞州大学医学中心的帮助下，于1979年建立了减压诊所。1995年，减压诊所发展成了医药、保健、社会正念中心，附属于马萨诸塞州大学医学院。

起初，正念疗法主要是针对那些患有慢性疼痛和疾病的成年患者。在过去的35年里，正念减压疗法已成为标准的临床介入方法和社区服务项目。当前它在世界各地被广泛应用。有科学证据表明，正念减压疗法对生活在不同环境中的成年人均有益处——病人、医生、护士、理疗家、教师、律师、职业运动员、士兵、孕妇、新晋母亲，生活在市中心的人们、艺术家、监狱服刑人员、企业主管。

课程形式

标准的成人项目包括8期课程，每周一期，每期时长2到3个小时，一整天的课程时长是6到8个小时。在两期课程之间，参与者要进行45到60分钟的日常家庭训练。日常家庭训练包括正式的指导音频练习和非正式练习（即正念在日常生活中的应用）。课程内容包括对心理压力、应激反应及正念带来益处的讨论。大多数情况下，这些讨论本质上不具有教导性，而是与课程内容交织在一起，并和参与者的经历有着直接的联系。正式和非正式的练习都能帮助参与者找到并熟识自己思考、感知和行为的习惯，然后用更加娴熟、更加友爱的方式来应对生活环境。

研究和结果

对患有慢性疼痛和疾病的患者的最初研究表明参与正念减压疗法的课程大大减轻了压力、焦虑、疼痛、抑郁、愤怒、身体病症和药物的使用。其参与者也表现出对疼痛具备了更高的应对能力，而且感到自己的生活更加的有意义和充实（卡巴金于1982年；卡巴金、利普沃茨、伯尼于1985年；卡巴金、利普沃茨、伯尼、塞勒斯于1986年；卡巴金、查普曼-沃德洛浦于1988年的研究成果均显示如此）。过去30年里的持续研究已经印证和扩展了这些发现。

最近，运用成熟的大脑成像技术所取得的突破性研究已表明参与8周正念减压疗法课程的成年人，他们大脑的结构和活动已经发生了改变。马萨诸塞州总医院精神病学神经影像研究项

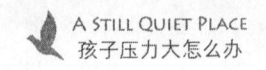

目组的布里塔·霍赛尔和拉扎尔·拉萨尔指出课程参与者扁桃体上的灰质密度已减少,而扁桃体对焦虑和压力的产生具有至关重要的作用。海马体内的灰质密度变大,而海马体对于学习和记忆至关重要。顶叶和颞叶的灰质密度也增加了,该处与自我意识、反省及同情心有关(这是霍赛尔于2011年的研究成果)。在一项与生物科技从业者有关的研究中,来自威斯康星大学麦迪逊分校情感神经科学专业的理查德·戴维森表示正念疗法参与者左前额皮质更加活跃,而这个区域是与幸福、积极想法和情感有关的(戴维森于2003年的研究成果)。大量的研究表明那些患者——从抑郁、焦虑、饮食不规律到慢性疼痛、银屑病、心脏病、癌症——均能从正念训练中获益。关于正念对于成年人的益处研究范围非常的广泛。更多的信息请查阅参考文献部分中研究正念及正念减压疗法的相关书目的网址连接。

"安静的一角":从正念和正念减压疗法中提取精华

在向儿童和青少年传授正念或正念减压疗法时,我们需要通过多种途径提取其中的精华。下面一段将讨论"安静的一角"课程是如何将成人正念减压疗法的基本要点传授给年轻人的,卡巴金的《多舛的命运之旅》对此有明细的介绍(1990年版)。这一部分旨在让那些已熟知正念减压疗法的人们明白基本要点是如何融合到"安静的一角"课程中的，同时让那些对正念减压疗法还不了解的人们开始了解其重要原则。除此之外，使用简洁的适用于不同年龄段的语言将这些要点介绍给年轻人，而每一个要素的介绍语言之间都有细微的不同。在阅读的过程中，请尽力让这些原则深入到你的心里，而不是让它们成为你头脑里的又一些概念。

学生反映：在每节课的最后我都会要求每一位参与者给他们的朋友写一封信，他的这位朋友要对正念一无所知，在信中描述在"安静的一角"休息的感觉以及他们在日常生活中是如何运用正念的。文本框内是这一章里的诚挚语句，是由四五年级儿童和补习英语的大二学生写的，存在一些语法错误和拼写错误，但也不乏真诚。

此地此时

如上文所提到的那样，我传授给年轻人关于正念最初的解释是"正念是集中注意力于此地此时，带着善意和好奇心，然后选择你的行为。"这个简单的"此地此时"让各个年龄段的人们专注于当下，而非沉溺于过去、幻想抑或是对未来的担忧。"此地此时"同时也暗指那个"无常"的原则。如果我们将注意力集中于此地此时，我们很快就能发现改变是连续不断地发生的。

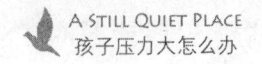

正念是我在学校学习的一门课程。那是我们呼吸的时候，思考我们的想法，思考当下，而非过去和将来。当我们深呼吸的时候，就来到了"安静的一角"。在这里感觉很沉静。当我紧张时，我就运用正念疗法。

——一名四年级学生

善意

对于儿童们来说，"善意的关注"体现着"不评判"的元素，来源于成人的正念减压疗法。"不评判"这个词汇对于大部分儿童和青少年及某些成年人来说没有任何意义。然而，几乎每一个人在本能上都会理解善意的。我鼓励你们在此时此地暂停，让自己思考一下善意的品质。如果你让儿童们去描述善意的人，他们很可能告诉你善意的人是有耐心和友好的，不会吼叫和急躁。他们还可能会说当你有需要时一个善意的人就会出现。

善意中不评判的一面融合了成人中立的承认原则与更"友好"的接纳原则。承认即简单的认可所有事情的本来面目，即便对此我们感到不喜欢，或不愉快。通常情况下，承认事情不是我们想要的样子，这种简单的行为会带来同情和新的可能。例如，一个儿童承认她很沮丧的原因是她的双肩包丢失了，里面装着家庭作业、足球鞋、和她最喜欢的钥匙链，她可以开始解决手边这些事情。关于补交作业她会和老师沟通，她能通过做家务赚钱买一双新足球鞋，她也会为丢失钥匙链而叹息。

当我的孩子们还很小的时候，我唱了一首跑调的滚石乐队的歌曲《你不能永远得偿所愿》将这一理念传递给他。这首歌承认事情有着本来的样子，并且那个样子可能不是孩子想要的。对于青少年来说，一旦他们承认事情的本来面目，他们可能带着善意和好奇心问自己是否正在评判自己或环境。通常（并不频繁）承认那些评判和偏好会让这些形式都烟消云散，最后会接纳它们。

> 我发现正念会让我经历当下时刻，是一件让我在日常生活中愿意花很长时间去做的事情。他帮我找到一个空间，让事情成为它本来的样子。正念带来了和平、接纳和乐趣。我找到了一个可以放松自己的地方。
>
> —— 一个十年级学生

接纳表明对事情的本来样子保持心态平和。而且，我们还要认识到，某些时候的接纳是对自己的过分要求，承认到这一点是非常重要的。在这些情况下，我们可以先简单地承认事物的本来面目。承认和接纳相互交错的美妙之处在于通过练习，他们能接纳所有东西，甚至包括评判和想让事情变得不同（抗拒）。如果我们评判和抗拒的话，我们可以训练自己把善意和

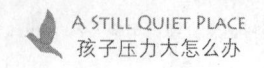

好奇心带到这种评判和抗拒中。训练自己承认（或接纳）自身和环境对于在既定环境中怎样做出反应是至关重要的。第十章中所阐述的小孩子的 ABCs 和 STAR 练习以及青少年的 PEACE 练习（第七课：沟通与爱）会介绍提高记忆力的方法，其中就包括这些原则的精髓。

善良的品质也代表对每一个年轻人的善意本质和正念练习本身的一种深层次的信任。当为年轻人授课时，明确讨论信任的对象并不总是那么的必要。然而，通过我们的语言和行为来传递善意中令人感到信任的那一面是非常有必要的。信任原则是承认每一个个体是完整的、有能力的、聪慧的，是自己经验的专家，对自己对待生活的方式负责。正念改变了典型的制度取向，在那种制度取向中，只有所谓的专家才能指导客户、学生、病人，或为他们做一些事情。信任还是正念减压疗法中又一重要组成部分——自爱的基础。最终，正念是每一位参与者送给自己的礼物。信任和自爱原则唤醒的是之前经常不被认可——但又天生可靠的——每个人的力量、勇气与智慧。

好奇心

现在，让我们思考好奇心的品质。注意力中好奇的一面代表着初学者思维（或初学者心理）的原则，让我们从新的角度去关注自己内部和外部的经历，不带着自己对人和事的固有观点（或用成年人的话说就是，我们先入为主的观念和历史包袱）。通常，当我们能够带着一份好奇心去关注我们自己、他人和事件时，我们的经验和可能性都将会改变（转变）。

在"安静的一角"休息是非常放松的。它帮助你去和内在的自己联络。找到你的真实感受。

—— 一位四年级学生

有关"非初学者"的思维，或者说固定思维的例子是和本书的主题相关的。这样的例子就像这样：有人告诉她不擅长数学，随后自己便相信这一说辞，进而做出判断——太聪明不好；如果不能进入一所"好"的大学，自己的一辈子就完了；上学就是浪费时间，打架是赢得尊重的唯一方法。有趣的时，卡罗尔·德韦克博士在斯坦福大学所做的研究表明"积极"的固定思维也会对学习有害。简而言之，她的研究表明当学生们面对学习上的一种挑战时，那些相信智力是一种固定的能力（即使他们相信自己拥有这种能力）的学生并不如那些相信学习成绩是源于努力的学生变现良好。她进行的两项研究探究了固定性思维模式与成长型思维模式在青少年数学成绩中发挥的作用。在七年级学生中展开的一项研究中，发现相信智力是可以改变的学生——德韦克博士称之为成长型思维——在高中的前两年

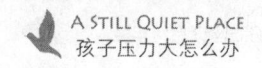

里成绩会上升，而相信智力是固定不变的学生的成绩则不会发生变化。在第二项研究中，他向一组七年级学生教授成长型思维，与另一组收到控制的学生相比，课堂氛围更加活跃了，学习成绩也提高了（布莱克威尔、卡利、德韦克于2007年的研究发现）。

如果初学者的思维和内心没有经过培养，他们就不会带着善意和好奇心将固定性思维简单地看成一种想法，那么这些固定型思维就有可能会严重的限制一个人的发展。或许你应该暂停一下，在那一刻带着善意和好奇心去思考任何一种定义你人生的固定型思维。一旦我们对自己习惯性思维带来的限制感到好奇（尤其是我们说的"非友善思维"），我们就能超越它们并找到新的可能。

无为与放下

无为与放下的原则没有被明确包含在我提供给儿童们的那个简单的正念定义中："关注此时此地，带着善意和好奇心，然后选择你的行为。"然而，专注于此时此地弱化了面向未来的努力。除此之外，基于善意和好奇心的反思会让我们意识到自己深陷评判、偏爱、努力、渴求或抗拒中，通常（但不总是）我们是能选择放下。就算当我们不能选择放下时，我们也能选择承认事实，顺其自然。

在"安静的一角"休息感觉是非常好的，因为你能放下所有的负担，不必担心自己周围正在发生着的事情。有时当你知道在自己一生中还有很多事情需要去做，你就会对一个事实变得无法承受，即你总是因为需要按时完成一些事情而感到压力。其实你可以深呼吸，放松自己……

——一个十年级学生

通用性

另一个基本原则是正念具有通用性。受过一些简单的训练后，大部分儿童和青少年基本上都可以理解这一原则。但是当你第一次将正念带到学校、诊所和公共场所时——尤其是公立学校——着重突出正念的这一个方面是非常重要的。偶尔，我也会被人问到"正念是佛学吗？"我通常会这样回答："一个人无须成为佛教中人就能接受这种练习，就像一个人也不用非得跑到意大利才能吃到披萨。"如果提问的人自己愿意的话，我会带着他做一些饮食或呼吸的意识练习让他切身感受一下正念，从而意识到他也能够进行正念练习——带着当下自己的信仰即可，无须依赖于任何特殊的哲学思想或宗教。

偶尔，如果之后还会被问到这些问题，我会这样补充，"2500年以来，佛家人一直探索正念、慈悲之心这些人类共同的品质，

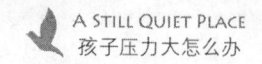

并为此做出了很多贡献。然而当你体验正念时，无须成为佛家人或其他任何人，只需要做自己就可以了。"我是谨慎考虑过后才这样补充的，只要在一个人或一小组人体验过正念之后才会这样说。因为我的目的是尽可能让正念适用于更多的人，所以我通常都在提出那个比萨的比喻后就停止类似的谈论了。

我过去常常说，"我想让课程富有吸引力，能够适用于俄亥俄州的家庭主妇们。"现在，由于俄亥俄州的众议员蒂姆·瑞安写了《一个正念民族》一书（书中详细介绍了正念给教育、医学、商业、政治及军队带来的好处），我不得不找另外一个州。

"安静的一角"让我的压力得到了很大的缓解。当我沮丧或感到压力时就运用正念。正念万岁！非常感谢萨尔茨曼博士将这一精彩项目介绍给我。

——一个五年级学生

"安静的一角"与正念减压疗法的不同与相同之处

在我们往下继续之前，指出一些标准的9期成人课程与8周安静一角课程之间的一些不同之处是很重要的。考虑到年轻人的注意力范围，标准疗法及学校的课程安排，课上和课后指导练习，每周"安静的一角"的课程时间要短于相应的成人正念减压疗法课程的时间。在安静一角课程中，指导练习通常持续5到12分钟，每节课也仅有55分钟到60分钟。而在成人减压疗法中指导练习要持续30到35分钟，每节课时长2个半小时。除此之外，在安静一角课程中，起初，思想和情感的观察练习是独立的一节，而在成人正念减压疗法中，这一部分是与静坐练习结合在一起的。一些成人正念减压疗法的练习主题并没有包含在"安静的一角"的课程中，除非被一些参与者提及。（在这节的末尾会对其中的几个话题进行阐述。）

　　成人正念减压疗法与"安静的一角"课程都具有的练习内容和原则将会在下文中进行简单的阐述。在本书的第二部分，我会对课程内容进行更详细的说明。对于那些没有体验过正念减压疗法练习或类似活动的人，在和儿童们共同练习正念之前先自己练习一下是很重要的。同时，在你阅读的时候，要通过练习、训练和讨论去感知而不是思考你的方式。

介绍

　　正念减压疗法与"安静的一角"课程的第一部分均是介绍。课程导师做一下自我介绍，再简略地介绍一下整个课程，谈一下他/她期望达到的贡献值及参与度，课程纲要及协议。参与者向其他人介绍自己，包括名字，选择参与该课程的原因或者

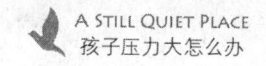

感到有压力的事情,喜欢自己的哪些优点。然后导师会把正念练习的内容介绍给参与者,包括正念饮食、呼吸觉知等,成人课程中还会有身体扫描。这里提到的一个主题就是品尝:品尝食物,品尝呼吸,品尝生命。闭上你的眼睛,慢慢地深呼吸10下。感受呼吸循环的甜美旋律:吸气,稍停片刻;呼气,再稍停片刻。

你这样做了吗?不管你是否调整了自己的呼吸,请带着一些好奇心。如果你选择调整自己的呼吸,你发现了什么?

我所感觉到的是,我只是闭上了自己的眼睛,整个房间就变得安静了。我感觉很平静。

——一个十年级学生

开展练习

在这两种课程中,第2部分的重点主要在于探究支持与阻碍参与者完成日常家庭练习的事情各是什么。如成年人一样,大部分儿童和青少年都是极其繁忙或者过于繁忙的。因此,这里的主题是帮助他们找到一天中的最佳工作时间,每天奖赏自己5分钟的时间只做自己的事,然后看能发生什么。因为"安静的一角"项目中的家庭练习是非常简短的(仅5到12分钟,而正念减压疗法中则建议30到45分钟),对于儿童和青少年来说,设计一个日常安排通常是更加容易的。大部分年轻人发现在做作业之前、做各科作业之间或上床睡觉之前，正念练习是有帮助的。

感觉很是放松，在那一刻我感到冷静和镇定。我通常在家里练习，在自己因为某人而生气的时候，让自己冷静下来，深呼吸会让我感到放松。

—— 一个十年级学生

思想观察

在"安静的一角"课程的第一课中介绍的以呼吸为基础的宝石练习（适用于 4 到 10 岁的儿童）与放松（适用 11 到 18 岁的青少年）练习借鉴的是成人正念减压疗法第二章节中介绍的基础静坐练习。这些练习中的每一项都将呼吸调整作为注意力的焦点，鼓励参与者注意到思想游离时，慢慢地将注意力放在呼吸上。在静坐练习期间鼓励参与者去意识到思想迷失的时刻，简单认识他们思考的模式和主题。因为这些基础性的指导，大多数成年人都会迅速注意到自己的思维习惯并进行自我批判。在针对儿童的"安静的一角"的课程中，了解思维和极其消极的内心碎语（我喜欢称之为"非友善思维"）的练习是一个独立的练习科目。

第三章节会介绍泡沫思想观察练习。这些练习帮助我们年轻朋友发展能力，了解思考的过程和内容。一旦年轻人了解到他们能观察自己的想法而无须去相信那些想法或对其介意，他们就会自然地开始在日常生活中运用这一技能。知名的"九点"练习在正念减压疗法和"安静的一角"中都得到了运用，在第六章会有所介绍（第 3 课：思想观察与非友善思维），该练习为体验这一原则提供了一个理想化的形式。这项练习会唤醒努力完成一项具有挑战性的任务应具备的习惯性思维，它也让人体验到有限的观念是如何阻止我们培养做出创造性反应的能力的。

当我担心诸如考试、成绩等学习上的事情时，当我忧虑自己的发挥、成绩时，我就会使用正念。当我进行正念练习时，我的思想就会感到放松。

——一个十年级学生

情感

大多数成年人进行基础的静坐练习时，就会弄清楚自己的情感模式。与观察想法一样，将善意好奇的注意力带入到感情中（儿童和青少年通常称之为情感）将作为一项独立的练习，

第 4 课中会对其有所介绍。在学习与他们的情感成为朋友的过程中，年轻人能对压抑或放纵情感的习惯有所了解。最终，情感的正念练习会帮助我们的年轻朋友"拥有他们的情感而非让情感左右自己"。了解自己的情感，他们就不会做出让自己后悔的事情，或说出让自己后悔的话。

在"安静的一角"课程中，将呼吸、想法、情感的知觉练习与身体感知相结合建立了一个基础，在此基础上每个人可以将觉知应用到他们的行动及与他人和周围世界的互动上。当参与者开始找出愉快与不愉快事件的原因时，做好这些准备对他们是非常有帮助的。

我正在做被称之为正念的事情。它是一种理解和认识情感的方式。你要做的一件事情就是渠道"安静的一角"。在那里你会感到很放松。正念在我开始做作业之前会帮助我，因为它会让我放松从而我能很好地完成我的作业。

——一个五年级学生

愉快事件

在"安静的一角"的课程中，对参加正念减压疗法的成年人作为家庭作业的大量练习进行了改进。为了让这些课程对儿

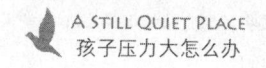

童们具有足够的吸引力，我发明了简单的卡通图片，上面涂鸦着儿童们非常喜欢的图画。这些练习第一次是出现在第2课中，练习的内容就是将意识带到想法、情绪以及与愉快事件有关的身体感觉中。对这些愉快事件的探究是让儿童们意识到，没有正念的话，我们会错过生命中很多快乐的瞬间。因此，年轻的朋友们会出乎意料地意识到愉快事件通常就是简单地与别人产生连接感，是去享受事情本来的样子而非想要改变。有关想要事情改变以及抗拒的话题，在"安静的一角"课程的第4课中将会有更深入的探索。

不愉快事件：痛苦 = 疼痛 x 抗拒

同样的，在"安静的一角"课程的第4课里，在课堂上，以充满善意和好奇心的注意力对不愉快事件进行调查研究，其形式也可以是卡通图片。在成人正念减压疗法中，不愉快事件和压力的讨论是对这些话题的深度探究，充满着对压力的科学层面的解释和解决办法。在"安静的一角"的课程中，讨论的核心内容最初是用数学公式以一个玩笑的方式出现的：痛苦（沮丧）= 疼痛（不开心）x 抗拒（想让事情有所不同）。

再一次，为了自己的练习，你或许在这里可以停下来，想一想最近让你感到不开心的事情——或许这件事情非常平常，如支付账单。把不开心事件划分 1 到 10 个等级，支付账单可能属于 2 等或 3 等。现在，思考你抗拒这个任务的程度，用 1 到 10 作为等级划分，10 级是最高等级的抗拒。然后将两个分数相乘，从而计算出痛苦的分数。现在思考如何能稍微减轻你的抗拒，或许喝一杯茶，或许听你最喜欢的音乐，然后重新计算你的痛苦分数。三年级的儿童用这个公式了解我们的沮丧大多来自抗拒，及想让事情按照自己的想法来——当我们想要时，就想得到。年龄稍小一点的儿童可能同样会意识到同样的事情。这种简单的方法帮助儿童们思考自己的想法和情感是否正在夸大现实生活中非常小的、甚或生命中实际存在的痛苦。我们并不能用这个等式减弱疾病、离婚、丢失和创伤带来的剧痛。

当我悲伤或情绪低落的时候，做大概十个呼吸，就会感觉到轻松了。我也忘记了自己的烦恼。我是从正念中学习到这些的。我喜欢来到这里，因为在这里我会忘掉麻烦和所有那些生活中糟糕的事情。我的悲伤就烟消云散了。

——一个四年级学生

基于身体的练习

"安静的一角"的课程与正念减压疗法均包括基于身体的

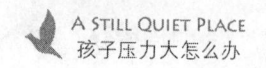

练习：正念运动和瑜伽，正念行走和身体扫描。这些练习帮助参与者更具体的认识和感知身体感觉。聆听和重视身体向我们发出的信号能帮助我们从身体上、精神上和情感上关爱自己。随着瑜伽的普及，以一种全新的和不同寻常的方式锻炼身体将会为我们提供又一个机会去探究我们应对挑战的方式，看我们的内心独白是善意的还是恶意的，以及我们判断和比较的趋向。在我们做极其简单的事情时，我们不会对这些事情投进太多的注意力，正念行走会让我们把觉知带进自己的身体内。身体扫描会帮助我们观察体内的感觉，在我们静止的状态下从头到脚慢慢地、系统性地扫描全身。当进行这些练习时，儿童们能了解到他们的身体上通常会发出第一个"有问题了"的信号，帮他们看清自身、自己的想法和情感。

两种课程之间的巨大不同在于身体扫描的时间是不一样的。在"安静的一角"课程中，身体扫描是第6课的内容。不同之处阐述如下：一个简短的身体扫描都要持续10到12分钟。对于很多儿童和青少年来说，这种练习时间过长了。如果按照成人正念减压疗法，把身体扫描作为第一个正念练习的项目，参与者可能会感觉到不必要的痛苦，积极性也会受挫。在"安静的一角"课程中，练习项目是循序渐进的，所以等到身体扫描那部分，参与者会更可能把体验正念练习作为可以完成的事情。而且，就如上文提到的那样，年轻人会更加感性，对自身的想法和情感的认识也不如成年人那样清晰。因此，在进行身体练习之前，观察思想和情绪练习是有所帮助的。

反应和回应

两种课程都很重视反应与回应之间的差异。在"安静的一角"课程中，在第 5 课中借用波歇·尼尔森"人生的五个短章"中的诗句对这种差异进行了阐述，诗句描述了一个人走在大街上，多次掉入一个黑洞（习惯性反应），然后最终选择了一条不同的出口（回应）。孩子们都很喜欢这个比喻，乐于告诉你他们在学校中，和家人朋友的关系上都存在着同样的黑洞。这些真实的生活中的案例为反应和回应的主题在压力重重的情景和困难的沟通中提供了一个自然的转折。

回应练习依赖于之前所有的练习——呼吸觉知、想法觉知、情绪和身体感觉的觉知以及偏好觉知——增添了选择的重要因素。第 10 章对儿童们的 ABCs 和 STAR 练习、青少年的 PEACE 练习都进行了阐述，（"第 7 课：沟通与爱"），以一种有益于记忆的方法将反应的差异囊括其中。有了对这些练习的感觉，下一次当你面对困难处境时，可以使用 PEACE 练习里的方法：停在原地，呼气/吸气，承认（事情本来面目），选择（你的行为或反应），然后行动。

对于 12 岁以上的儿童，第 7 课介绍的是正念减压疗法的合

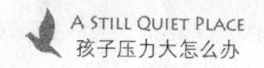

气道练习，让他们在沟通存在困难和挑战性的场景中在身体上采取顺从、逃避、进攻、和适度（坚决）的反应方式。

我认为在你的日常生活中以多种方式应用正念是很重要的，因为我认为在说话之前进行思考是很重要的。还因为如果你出现易怒、抑郁或其他类似的负面情绪，自己思考之后可以做出最好的选择。

——一个十年级学生

这感觉有一点儿陌生但也很平静。我真的不能告诉你我在家里如何运用正念的，但当我对我的弟弟发脾气时，它真的很有用。

——一个四年级学生

我每周五上一节课，现在已经上了好几堂课了，它真的对我有帮助，不仅是在学习上还是我的个人生活中。通过这门课，我能够控制住自己的怒火，找到镇定自己的方法，然后自己内心就恢复平静了。

——一个十年级学生

慈爱

"安静的一角"课程和正念减压疗法都包括慈爱练习。传统意义上，慈爱就是记住那种被人爱的感觉，将爱的感觉带给你记住的人，然后依次将爱意传达给你容易爱上的人，你自己，介于两者之间的人（中立），然后是那些对于你来说不容易爱上的人。

暂停片刻，花点时间记住你感觉到被爱的时刻。记住（就如让它渗透到自己体内一般）真正地被爱的感觉。然后大声说出来，或者埋在心底，为那个爱你的人送上一声祝福："祝你幸福。"然后将相同的甜美祝福送给自己"祝我幸福。"小孩子喜欢用飞吻祝福别人。对于那些对自己要求非常严苛的青少年，第7课中教授的慈爱练习会让他们把慈爱送给自己，尤其是他们身上带有厌恶、评判或憎恨的一面。

光束练习

在成人正念减压疗法中，对无意识的练习开头是将注意力放在呼吸上。一旦一个人的注意力稳定下来，她能让注意力停留在那些最明显的事物上：呼吸、声音、身体感觉、想法或情感。当人的注意力游离时（可能会的），她可能需要慢慢地返回到呼吸上。有时，注意力也可以停留在觉知本身。在第8课中光

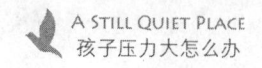

束练习的帮助下，年龄还很小的孩子们也开始为无意识打下基础。在光束练习中，参与者会被引导着把他们注意力的光点放在呼吸、声音、身体感知、想法、情感上，最后放在纯粹觉知的静止和安静状态上。

最后一课

　　两种课程的最后一课都是对这一课程的反思以及对课程结尾有关的想法和情绪的谈论。在"安静的一角"课程中，第8课的反思指导方式有两种。首先，参与者要给对正念一无所知的朋友写一封信，描述"安静的一角"和他们的经历。第二，参与者围成一个圆圈，分享一些这门课中让自己印象深刻的东西：一个事物、一张照片、一首诗、一首歌、一个橘子……最后一个章节也包括对参与者自己是否及如何开展正念练习的探索。在最后一次听力练习前，导师会对接下来的持续练习提供一些资源。

　　我不再抗争，放松自己。轻松的感觉让我感到很镇定，每天都伴随着我的焦虑也得到了缓解。现在当我出现低落或不舒适的情绪时我能让自己暂停，觉察出自己的情感并进行检查，这样的话，我的情绪就不会影响到我的选择了。

——一个十年级学生

总结不同点

重申一下，尽管"安静的一角"课程和正念减压疗法的基础相同，但二者还是存在很重要的差别。在"安静的一角"课程中，"安静的一角"一词被用来传递一种纯粹觉知的体验。"安静的一角"课程中的练习对于儿童和青少年来说都是非常短暂的——持续5到10分钟。简短的时间减轻了对练习的抵触情绪，让参与者觉得体验正念是可以实现的。因为练习时间短，课程也变短了——仅45到60分钟。在"安静的一角"课程中没有持续一整天的课程。将觉知带入到想法、情感和身体感觉的练习将作为独立不同的科目。参与者在愉快和不愉快事件及沟通困难的情况下的个人体验是一门针对个人或班级的独特课程。在第一课之后，每一节课中都有很多运动与玩乐的内容。除此之外，不会让每一个参与者自行选择一项日常活动作为家庭练习内容，会鼓励所有的课程参与者去做同一种正念活动——如刷牙、洗澡或交流——每周都有。

正念减压疗法中的几个主题在本书的课程中并没有清晰明确的展示（除非一个参与者的评论涉及了）。因为正念减压疗法最初被应用在患有慢性疼痛和疾病的人身上，而这些病人的症状都是经过诊断的。成人课程第一课的主题是"你做对的事情要多过你做错的事情"（卡巴金，1990，p.2）。虽然这个观

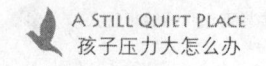

点对于每一个活着能呼吸的人都是正确的，但这一主题并没有被清晰地包括在"安静的一角"课程中，除非参与者自己也说出这样的话。

成年人关于自动驾驶的概念会出现在对黑洞和不同出口的讨论上。然而，在"安静的一角"的课程中没有必要着重提出。在正念减压疗法中关于压力生理学、压力对于健康的影响以及特别反应习惯对身体造成的影响都有详细的阐述。一些组的青少年喜欢对这些话题进行一些基本讨论。正念减压疗法中关于饮食和营养的话题，在安静一角的课程中也没有着重提出。然而，在这个课程中，我们会对青少年从家庭、朋友和媒体所获得的东西进行频繁的探讨。

反应的即兴练习：苹果贪婪

其他一些有益练习大体上与上述话题是类似的，如爱心、谅解和感恩；最重要的是一项完整的正念练习会帮助你巧妙地应对那些没有被明确囊括在课程中的话题。举个例子，在给四年级学生上的一节课中，我用苹果片为正念饮食做示范。前一半儿童中有些人拿的苹果片过多，致使后半数的学生没有足够多的苹果片。贪婪、分享和慷慨在正念减压疗法和"安静的一角"课程中都不是标准的主题。然而，在当时的情景中，这些都成了当天的主题。或许你应该停下来思考一下，在此类情景中你会如何应对。

当时，我让学生们看向周围每一个人手里苹果片的数量，然后观察他们的想法和情绪。没有苹果片的儿童们感到伤心和嫉妒，拿到很多苹果片的儿童则感觉有点懊恼和羞愧。有趣的是，我没有提出任何要求和建议，有多余苹果片的儿童自觉地选择与没有苹果片的儿童们分享。这件事引发了一场关于贪婪的讨论，我们所有人（儿童、成人、甚至一个国家）都会贪婪，我们能注意到贪婪的存在以及我们的贪婪对周围人的影响，之后再选择我们的行为。

我希望对"苹果贪婪"的描述能表明在接下来章节中会出现的简单事实。上文讨论过的"课程"会在第4至11章中得到详细的描述，它也不是固定不变的。将正念教授给儿童和青少年本身就是一项练习，它要求我们注意我们自己、客户、学生和参与者——儿童们——每时每刻内心正在发生的事情。

正念是一门了不起的课程，因为它会让你冷静下来并且感到放松，会减少你的压力。如果你感到愤怒、悲伤，或者仅仅是想要感觉更好，你都可以运用正念。这就是我做的事情。你可以尝试一下！

——一个四年级学生

二

找到你的路：教学与指导方法

当你学认字时，是从 A、B、C 开始的。当你学唱歌时，是从 do,re,mi 开始的。当你教授正念时，你要从呼吸、呼吸、呼吸开始。所以让我们从头开始。尽管你最初可能发现这一章的内容很难，但请理解其目的是要让读者感到清晰明了并激发灵感。无论你之前经历过什么，如果你致力于把正念技巧传授给年轻人，你可以先从自己所在的位置开始，正如我睿智的导师乔治娜·琳赛所说"走出明智的一步。"这一章的第一部分旨在帮助你明确自己所处的位置，然后走出明智的一步。或许你甚至可以愉快地走出下一步。

就如"地图不是疆域"所暗示的那样，阅读这本书的前几章或整本书或其他任何与正念相关的书，均不是在练习正念，

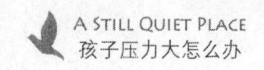

就像阅读在落基山远足的相关文章并不是真的就在落基山远足。还有一个说法是"上山的道路有很多条。"最终，我们每一个人都必须选择属于自己的那条路，找到能让自己感觉真实的形式。也存在着其他山脉和道路。所以它会帮助你尽可能清晰并真诚的面对自己所处的位置和要走的道路。同时，它也会帮助你跟随那些在我们之前踏上此路的人的步伐。

关于这本手册的其他方面，下面描述的道路决不会被称作"方法"；它只是简单地指出主要路标，以便你使用自己的指南针。如果除了正念减压疗法之外你已经安排了正念日常练习，请注意在我们将正念传授给年轻人的大多数场景下（至少在美国），以一种通俗易懂且具有吸引力的方式展示你的练习是至关重要的。或许在正念减压疗法中，最重要也是最优秀的部分就是它每天的日常练习。下面就是一些主要路标。

开展练习

准备将正念传授给青年人的首要步骤是设计自己的日常练习。最简单的方式是每天坚持静坐 15 到 30 分钟，将你的注意力集中到呼吸上，留意自己思想游离的时间，然后慢慢地将注意力返回到呼吸上。重复这个过程，你将会发现自己思维的趋向、偏好及习惯——或者更准确的是，人类的思维和内心。最容易的方式就是下载与本书一起编撰的《小憩》练习，具体网址是：www.newharbinger.com/27831。

或许这是你走的下一明智之步？

然而很少有人能自己设计一套个人正念练习，大部分人都需要更多的帮助。某些帮助可以从书中得到，如卡巴金的《多舛的命运之旅》《身在，心在》《正念：初学者》；鲍勃·斯泰尔和伊莉莎·戈德斯坦合著的《正念减压疗法手册》。然而，鉴于你的目的并不仅仅是自我练习而是将其分享给年轻人，强烈建议你全心全意的参与8周正念减压课程或是11周正念情感平衡课程。正念情感平衡课程是一门精细课程，是由我的好朋友及同事玛格丽特·库伦开设，将正念、情感理论、同情心及谅解相融合。

正念减压课程或是正念情感平衡课程有着很多益处。在建立自己的练习方法时，你会得到一位经验丰富的人的支持。你将会从自己和同学的经历中总结经验。你会观察那位帮助者是如何与不同的人和团体分享练习内容的。对于你们这些在另一个体系中接受了长时间练习的人来说，参与适用于普通人的正念减压疗法或正念情感平衡课程会帮助你们培养一种不受行业限制的观念和语言。

若想找到在你附近的授课中心，你可以在医学、卫生保健和社会正念中心提供的项目数据库内检索，网址是：www.

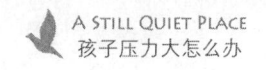

umassmed.edu/cfm/index.aspx。

如果你当地没有授课中心。你能通过下列网址接受到高质量的线上课程：正念生活项目（www.mindfullivingprograms.com）；正念情感平衡（www.margaretcullen.com/programs）；e 正念（www.emindful.com）。

还有一些练习项目面对专业人士，向成人提供正念减压课程，这些培训会很大程度上强化你的指导技能，包括正念减压身心医学 7 天培训以及正念减压疗法实习项目。世界各地的正念中心将会提供这些培训机会。另一个得到认证的实习机会是由北加利福尼亚的觉知和放松项目提供的 (www.mindfulnessprograms.com)。萨卡·圣雷利的《治愈自己》（1999 年版），唐纳德·麦凯恩、戴安娜·瑞贝尔和马克·米可泽共同编写的《正念教学》（2010 年版）既能帮助你将正念传授给成年人又能够精炼你的教学内容的书籍。

最后，对于那些对这项工作充满热情又能力卓著的人，我强烈建议你至少参加一次为期 7 天或更长时间的正念静思练习。这项建议看似很艰巨。在整整七天中远离生活中的其他要求，全身心投入此事确实具有挑战性。静思练习可能并非是你达到目的的第一选择。然而，随着你个人练习的深入，在与儿童们分享正念之后"迈出明智的一步"，你将会看到专注于一项练习的价值。实际上，它是你送给自己和学生的最好的礼物。

找到你的路：教学与指导方法

与儿童和青少年分享正念

一旦你构建了自己的日常练习体系，为了掌握与年轻人分享正念的必要技巧，可采用下列推荐方法。如果你没有与儿童和青少年工作和玩乐的经历，你需要花上6个月到一年的时间去了解你想要服务的年龄组的思维模式。利用这一段时间搞清楚自己的想法、情绪、触发点，习惯性倾向，最重要的是探索你和年轻人沟通的可能性。

我还开设有私人网上培训课程，提供高质量的教学内容，主要针对那些和年轻人分享正念的专业人士。一年三次，我会提供为期10周的"安静的一角"深度线上培训课程。为了收到培训时间及内容和会议召开的通知，以及参与对这项工作乐趣和挑战的讨论，请加入正念教育协会（www.mindfuleducation.org）和正念教育网络（www.mindfuled.org）的电邮小组。

将正念分享给青年人的优秀书籍正在猛增。在参考文献部分我列出了其中的大部分书名，我也会尽我最大的努力在网站上（www.stillquietplace.com）实时更新这一书单。在初始阶段，我推荐苏珊·凯撒·格陵兰的《这样玩，让儿童更专注、更灵性》，和吉娜·比格尔的《青少年减压手册》。

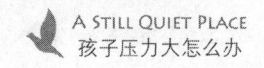

言行一致，或熟能生巧

进行正念练习的必要性将继续在本书中进行讨论，有时明显，有时不明显。如果你还没有了解到自己的心胸和性情，事情就困难了。如果可能的话，请引导他人认识自己。如果对于自己在愤怒、爱慕、恐惧、快乐、悲伤、嫉妒、满足、贪婪和怜爱方面的能力还没有足够的了解，如果还没有发现这些具有共性的经历是如何出现、持续的，如何在行为上显现、消失，如何运转的，又是何物将其激发和消退，那么你如何以一种简洁、可接受的语言去和孩子们讨论这些现象呢？孩子们本能上就知道你说的哪些内容是真实存在的，他们会平心而论并从自己的经历出发去判断。反过来，他们也知道你什么时候说的是假的（或者用他们的话说就是"哄骗"）。最终，你自己不断完善的个人正念练习将会适用于自己服务的年轻人。

发展

一旦你已建立起个人练习体系，掌握了适用于普通人的正念语言，将正念分享给儿童和青少年自然会有实质性的进展。

☆ 聆听、实践、体验为年轻人设计的练习。

☆ 向你愿意服务的年龄组指导练习，比如你自己、你的宠物猫或你的草本植物。

☆ 为你自己的孩子、侄子侄女、邻居、客户或更小的组指导练习。

☆ 为更大的组指导练习

☆ 练习正念沟通的艺术以及询问这些练习的基本因素。

第4章到11章将会涉及针对不同年龄组的讨论。简单的问题让参与者发现何时采用何种方式进行正念练习是有用的，比如"你是如何做的？""你注意到了什么？""你练习中遇到了哪些困难？""做这项练习何时才会见效呢？""你认为这项练习能帮到你吗？"不应该低估你对各种言论的反应的重要性，因为在这样的讨论中正念的原则可能会更加清晰也可能会被扭曲。

例如，在我的培训中，当专业人士为彼此指导练习时，一个学员偶尔会说"正念会帮助我们控制消极想法或情感。"这其实是对正念的曲解。尽管正念经常会让紧张的想法和情绪在短时间内消失，但正念并不能控制思想和情感。正念是带着善意和怜爱接触我们的想法和情绪，而不是控制它们。更重要的是当我们带着善意和怜爱接触它们时，它们也不会左右我们。

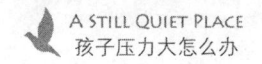

这个不同之处是很重要的，因为如果年轻人产生错误的印象，认为正念练习正在控制他们的内心体验，然后当他们不能控制他们的想法和情绪时，他们会认为自己已经失败了抑或是练习让他们失败了。你要清楚地强调正念可以提供一种与体验相关的有力方式而不是要控制体验，这是非常重要的。

在最近一次私人网络课程中，我发现了一个相关现象：在那些学员满怀热情将这些练习传授给青年人时，一些在把正念分享给儿童方面缺乏经验的学员正在积极地指导他们的同事（大部分人都没有任何有关正念练习的经验）将正念和儿童分享。不管是将正念直接传授给年轻人，还是传授其他成年人后再间接传授给年轻人，都要有相关经验，否则你的练习就会有陷入刻板和空洞的危险。如同课程中的其他话题一样，我们将在介绍个人课程章节后从一个更深刻的角度重新审视这一话题。

三
分享"安静的一角"

当与儿童和青少年分享正念时,我们必须运用他们能够理解的语言,在自身经验的基础上逐渐构建一个意义不断加深同时又有些微差异的教学实践。举一个例子,在和年轻人分享正念的时候,我对它的释义如下:"正念是关注于此地此时,带着善意和好奇心,然后选择你的行为。"这简单的解释提供了一个起点,是一种开始的方式。当儿童和青少年如成年人一样开始在日常生活中应用练习成果的时候,才意识到"正念很简单但做起来并不容易。"

还有一种深入探究这一释义的有趣方式(尤其当你是一位英语教师时)是在疑问代词"是谁""是什么""在哪里""何时""为什么"及"何种方式"的情景中思考正念。让我们开始吧。

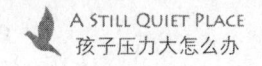

何地与何时：正念旨在将注意力放在此时此地，此地就是当下我们所处的位置，不沉溺于过去，不担忧或幻想未来。

做什么：在当下我们关注于呼吸、身体的感受、五种感官、想法、情感、我们生命中遇到的人和事、我们的冲动和行为。

怎么做：这种特殊类型的注意力是善意的和本真的，因此与我们频繁的自我批评和内心独白是不同的。正念要求我们，在我们的生命中尽其所能练习对自己和他人的怜爱之心。在亚洲的各种语言中，思想特点和心智是一样的概念。因此，正念更准确的应该被称之为真心。

为什么做：我们用这种方式集中注意力是为了获取必要的信息以便用明智善意的方法去回应我们自己、他人及发生在我们生命里的事情——至少有时是这样的（微笑）。

谁：是谁在集中注意力？一个非常明显的答案即是"是我；我正在集中注意力，"也可以说静止和安静（即觉知本身）正在集中注意力，或许这种说法更加准确。

在这里暂停，在你的内心接受这种可能性。上面的说法对你（及你服务的年轻人）来说意味着什么呢？现在不必回答这个问题。记得这个问题即可。之后我们会重新思考这个问题。

4到11章所描述的课程是针对那些8到12岁、3到7年级的儿童设计的，为期8周。每一节课都囊括了下列部分或全部分享"安静的一角"

内容：指导练习、讨论、书面练习、动作游戏。一些读者可能想要知道这些练习、讨论和练习对于这个年纪的儿童们来说是过于简单还是困难。依我的经验，参与者参与讨论、分享他们的经历，表明他们发现练习和所教授的内容也是可以应用在他们的日常生活中的，并且也是有帮助的。除此之外，本书中的绝大多数练习、对话及探究对小学生和大学生都适用。只要对自己服务的那些年轻人有益处，你可以独立使用，任意拓展。这些对话内容和我的回忆内容是完全相符的。为了保护个人隐私，这些对话中的参与者会被隐去姓名。

在这一章中，我将会讨论一些在教授这一课程过程中存在的一些重要问题，如练习内容要和学员的年龄相符，为开展课程要练习一些基本要点等。在第十三章中，针对开设这门课的老师和专家，我会阐述一些需要特别注意的地方及一些额外需要注意的地方。

课程的结构如下：经历、技巧、依据的概念，相互之间的练习与强化。本书将会对这门课程做详细的介绍，每一个人，每一个小组，每一节课，每一时刻都是独特的。因此，每一个课程也是独特的。因此，这本书中的建议和描述将会被视为一个框架——你可以和年轻学员共同对它进行强化和精细化。最终，每一个人或小组都会创作出一幅杰作——移动线条，创作不同的形式，添加阴影和颜色来彰显深度和不同视角。

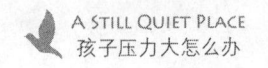

针对不同年龄进行改编

对于绝大多数小孩子和成人来说正念和觉知的概念都是很难把握的。然而，任何一个人都可以在"安静的一角"休息。对于我如何将"安静的一角"介绍给3到6岁的儿童们，下面是一些例子。

你好！我是埃米，我想和你们分享一个我最喜欢的地方。它叫作"安静的一角"。那里不是你乘坐汽车、火车、飞机就能到达的地方。那是你内心中的一个地方。通过呼吸就能找到。

现在让我们一起找到它。如果你感到安全，请闭上眼睛。不管你的眼睛是睁开还是闭着，请慢慢地深呼吸。你是否能感到体内有一种温暖的笑容。你感觉到了吗？这就是你的"安静的一角"。再一次深呼吸，真正的依偎在那里。

你的"安静的一角"最好的一点就是它一直在你的内心中。只需要把注意力集中在呼吸上，你就可以随时去拜访。拜访"安静的一角"感觉是非常奇妙的，可以感知到那里的爱意。如果你感到生气、悲伤或恐惧，拜访"安静的一角"是极其有用的。"安静的一角"是讨论这些情绪并与之成为朋友的最好的地方。当你在"安静的一角"休息并谈论你的情绪时，你可能发现这些情绪并不像他们表现出来的那么强大。记住，你可以在任何

分享"安静的一角"

时间来到这里，停留的时间不限。

只需要进行最低程度的改编，"安静的一角"的概念就可应用于 3 到 93 岁的学生身上。但上文的内容是针对 3 到 6 岁的儿童的，这些儿童很容易就能体验到"安静的一角"并在身心内感知它。稍大一点的儿童，练习用的语言可以更着重于身体方面，不会强调要把"安静的一角"视为一个地点。7 到 9 岁的儿童能意识到当他们感到沮丧时，"安静的一角"是一个可以寻求安慰的可靠之处，一些儿童还可以在"安静的一角"休息，然后再对令人沮丧的情景做出回应。对于大多数 10 岁及以上的儿童，可以按照成人的方式去练习他们把正念应用于日常生活中。他们可以在"安静的一角"休息，清楚自己的想法、情感、和身体的感觉，然后对生活环境做出回应而非反应。

在第一次介绍每一种课程时，将会在括号内标示出对于其内容进行改编的最佳年龄段。很适用于小孩子的内容将会在每一部分开端的概要内用星号标注。每一个概要也包括一个推荐给儿童的故事，这个故事与该章节的主体内容有关。可以把这些故事大声地朗读给儿童们，甚至是青少年。对于年纪稍小的儿童，可以把讨论内容简化，只提供其最初的几个问题和评论。对这些青少年来说，也可以扩展这些讨论内容，用更多细节对主题展开探究。这些改编均包括在课程介绍章节中，适用于 8

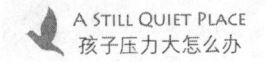

到 12 岁儿童的对话内容用于年纪稍小的儿童时，可在开始做一些改编，添加一些简化的提示，接下来再是针对青少年的内容。当然，与你所共事的人或团体进行沟通，那将会让你的谈论内容带来最大的益处。

对于简单的指导性练习，我的首要原则是儿童做练习的时间最多和他们的岁数是一样的。5 岁儿童一般来说做 5 分钟即可。对于小孩子，每周 20 分钟到 30 分钟的指导性练习将会帮助他们熟悉"安静的一角"。不管你是给一个人还是一组人授课，小孩子的典型课程中包括两种练习，每一项练习之后都伴随着简短的讨论，结尾处则是对家庭练习的建议。

每组包括 10 个或 10 个以上的学龄前儿童或幼儿园儿童，如果练习过后让每一个儿童都张口说话，他们可能会变得焦躁不安，轮到最后一个儿童说话时，要通过练习去体验的感觉可能早已消失。因此，第一次练习过后你可以听取其中一部分儿童分享他们的体验，第二次练习之后再听取另一部分儿童的。如果你的学生变得焦躁不安，你可以用短暂的动作练习来缓解氛围。如果你是一位老师，整天与你的学生在一起，这既是优势也是挑战。每天短暂的练习过后再开始上课、休息、吃午餐或做其他事情是极其有益的。最理想化的形式是，当你对 8 岁以上的儿童教授课程时，家庭练习中如果有成人的帮助是最好的了。有效的授课形式还包括向家长 - 儿童组合授课，或提示儿童的家长或监护人做家庭练习。

对于青少年个人或团体课程来说，让他们的评论或行为来引导你。一节典型的课程是 45 到 60 分钟，包括两种练习，每一个练习过后都有关于练习在日常生活中应用的讨论。

授课的精髓

如第三章所讨论的，当与儿童们分享"安静的一角"时，我们所传授的内容是来自于自己练习的经历，我们用适合不同年龄的语言，让练习变得易于接受并极具吸引力，这些都非常重要。为了强调这些内容，我来给你们讲一个故事。

在某一时刻，我的儿子开始将正念传授给他的幼儿园老师。这位老师邀请我去幼儿园与她的学生们分享一些练习。所以，几年前的一个早上，我和 19 个 5 岁大的孩子躺在了地上。在第一次练习过后，我让儿童们来描述他们的感觉。当我们围成一个圆圈时，孩子们报告说他们感到"冷静"、"放松"、"愉快"。我很是高兴。

然后有一个小孩说了"死亡"。我看到一幅惊恐的表情掠过他老师的脸庞。我自己的内心也感到了片刻的紧张。这位老师没有学过正念练习，她无法理解这个孩子的感觉，也掩饰不了自己的恐慌心情。我们继续围成一个圆圈，就像在幼儿园经

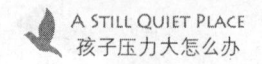

常发生的那样，几个儿童重复之前的答案，也包括了"死亡"。每一个儿童都说完之后，我问那些说了死亡的儿童们"死亡的感觉是怎样的？"他们回答道，"像一只天鹅，""像一个天使"，"像飘起来一样。"

在我们的文化中，儿童们是说不出清醒、静止和平静这样的词汇的。"死亡"是他们能找出的最相近的词汇去描述他们在"安静的一角"的体验。

这一插图阐述了与将正念教授给儿童们（成年人）有关的几个要点。

传授正念必须要有我们自己练习的深度。我的练习让自己清醒的了解内心中正在出现的事物，理解儿童和老师的体验，然后再做出回应。这就是正念的精髓。正念将注意力放在当下，带着善意和好奇心，对环境做出回应，而非反应。在上面那个事例中，我意识到自己对那些有轻松经历的儿童们有短暂的喜欢，也理解听到男孩说出"死亡"时所出现的焦虑和怀疑的感觉。仅是注意到这些内心活动和老师的反应，而没有沉溺其中，这让我能够关注到儿童们，对"死亡"的真正含义充满了好奇心，然后做出相应的回应。

我们对话语和体验的解读与年轻人大相径庭。在这一事例中，老师——一定程度上——最初将"死亡"解读为恐惧。要明确我们解读出来的含义，然后去询问而不是假定这个特殊词汇的意思，这是非常重要的。正念适用于当下发生的所有事情。如果"死亡"对于儿童们来说是恐惧或困难，我本应祝贺他们，因为他们意识到并乐于去分享他们的体验，然后我们再共同探索这种体验。

对一项体验进行促进是重要的。给儿童授课的美妙之处在于即便我们有这样的打算，也不能只依赖于言语和知识的概念来传授这项练习。在上述的事例中，孩子们感觉"像天鹅"，"像一位天使"，"像飘起来"。更加理想的情况是，无论我们把练习传授给儿童还是成年人，都要促使他们保持内心静止和安静，以及让他们认识到这种静止和安静是如何在日常生活中让他们受益的。

整本书里讲到的那种特殊的正念练习均以此为基础。总体来说，对于年纪稍小的儿童，正念能教会他们安慰自己的技能；对于年纪稍大的儿童，正念会培养他们观察自己想法及情绪的能力——最重要的是——选择自己行为的能力。

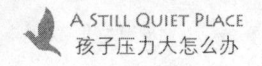

引导之夜

在小学、初中和高中，在社区、研究机构和卫生保健场所，我时常会利用晚上时间向那些孩子的父母介绍正念。这种活动最重要的部分就是向父母提供正念体验还有特制的正念饮食。这会让父母们对正念有一个即时、个人的、具体的理解，带着善意和好奇心专注于当下。尤其当父母做这些简短的练习时，他们本能感觉到正念可以带来的潜在益处。除此之外，他们意识到他们（和他们的儿童）都能练习正念，这种正念不但不会干扰，或许还会改进他们已有的生活方式（包括他们的宗教活动）。因此，这项简单的指导性练习会让正念是什么而非什么的困惑变得最小化。

这个引导之夜还会包括一个关于正念对于儿童和青少年益处的最新研究成果；重点突出关于成年人的最有趣的研究；回顾包括家庭练习在内的课程结构；解释所有的研究计划。最重要的是，要给父母们提问题留出充足的时间。请注意在很多低收入阶层学生上的学校里，这种引导性课程的出勤率可能很低，所以给父母一页宣传单是有必要的，这种宣传单需要使用他们当地的语言，要利用学校日常的宣传系统去发放这种宣传单。

安排地点

这种练习几乎是没有场地限制的,任何地方都可以开展。一个相对简单安静的空间会更好,我也曾在很多嘈杂、残破和混乱的地方上过课。安排座位能够帮助儿童们体验静止和安静。根据场地条件的不同,可以让一部分人围成一个圈,在地板的地毯上静坐;其他人也可以坐在椅子上围成一个圆圈,还有一些人可以一排一排地坐在椅子上。你最好能制造一个安全舒适的环境。安全感肯定是多方面,比如身体、思维、情感和社交圈。下面所提到的课程协议对保证参与者具有安全感是至关重要的。

开始

尽全力保证学生到达与落座的时间,要保证课程能够准时开始。和每一个人单独打招呼,对每一个人所能承受的注意力及身体接触要足够了解。不管你是向一个人还是一组人授课,作为一位专家、老师或者是那个将正念带到其他老师课堂中或社区里的人,你要建立一些简单的规则来表明课堂时间是专门用来练习正念的时间,这对授课是有所帮助的。在这个项目中,每一堂课以正念听力开始,也以正念听力结束,目的就是这样的。

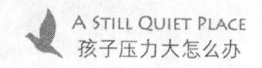

听力

通常，每一节课的开始和结尾都会有听力练习，那些声音是从振动铃或节奏钟里发出的。

这些设备能发出丰富、响亮和持久的声音，在亚马逊上就可以买得到。我推荐你们使用这些工具，不要去直接敲击碗和钟。如果你是在公立学校等主流场所教授课程，使用这些工具是非常重要的，在这些地方可以明确展示出这种练习的通俗性、可接受性及通用性。之所以规定以这种方式开始和结束每节课，其原因正是要强调该课时是正念练习的专用课程。希望随着课程的推进，参与者对于正念的运用范围能变得更加广泛。随着时间的推移，正念可能会很快渗透到我们日常生活中的方方面面，所以要提高他们的体验质量，影响他们在不同场景下的回应，推动他们与别人的互动。

练习

分享课程核心内容的方式有很多种。从第四章到第十一章，我通过几种不同的方式来展示这一核心内容。我对一些内容进行简单的描述，是为了让你能够发现自己内心的变化。其他内容当作一些事例，我可能会说出来。这些事例并不意味着可以拿来就用,如果你想要运用,在与年轻人讲授你的练习内容时,先花上点时间来深化自己的练习内容。

就如之前提到的,这本书所提到的有些练习是非常著名的正念练习,也有一些是我专门为学生、病人和我自己的孩子所设计的。样本练习的音频版本的下载地址为 www.newharbinger.com/27831,这些练习适用于 4 至 18 岁的人群。专门为儿童和青少年设计的适合他们年龄的特殊练习在"安静的一角"CD 版本上也可以找得到: 小孩子的正念练习和青少年的正念练习。

在指导中练习

理想的情况是,你自己有一份设计完好的练习方案,让你在为他人作指导的同时自己也能得以训练。这意味着在使用不同年龄的语言来阐述练习内容时,用已有的练习内容联系自己的经历,感知自己的方式。通过你的语调、速度、和联系来传授练习内容的精髓和通过专门的语言相比更为重要。那也就是说,用你自己的语言让一项已有的练习内容更能够让人接受,这是很重要的。我鼓励你尽可能地练习,直到自己能熟练运用,这样在授课过程中你就可以有时候睁着眼睛,也可以全程不闭眼,同时保持对练习的专注并注意到房间内正在发生的事情。

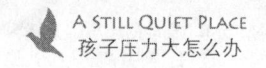

对话

每一章节都会提出一些问题，帮助参与者发现自我，还有一些能展示这些互动的特点的插图。这些对话可以两个人为一组进行，可以分组进行，也可以让所有人共同参与。当然，在治疗场景下一个人也可以做类似的探究。无论是一个人还是一组人，过程都是一样的：聆听已说和没说的事情，呼吸，用清晰的观点回复，提出一个问题，或者请一个儿童或一组人来探索一个特殊的话题是否可以又如何在日常生活中开展的。关于这个练习，这些事例并不能当作临摹脚本，而是展示了正念问询的回复、互动和流畅的过程。最好的情况是，这个过程有点严苛但不失同情心（真正的让你的朋友去观察他们的思考、感觉和行为习惯）或者有点同情又尽显严苛（将善意和幽默感带入到这些人类习惯中）。你可能会注意到很多主题，尤其是反应与回应的差异会被反复的提及。随着时间的进行，这些主题的重复和在现实生活中的应用将会让年轻的朋友意识到这种练习对他们自己的益处。

就像你将会在第一课的课堂协议中看到的那样，参与者有权不参与对话或保持沉默。在课程的初期，对于那些抑郁、愤怒、害羞、遭受社交焦虑的儿童，做出这样的选择是极其重要的。随着课程的推进，对于那些恼人的事情参与者由不舒服变得舒服，你可以鼓励话少的儿童多说话，话多的儿童少说话。对那些有严重社交焦虑的儿童，你能帮助他们多多参与整个课程。一个增量序列的例子就是当小组讨论开始时，儿童只需坐下来倾听就可以了。可以让孩子们三人一组而坐，相互提问题和发表评论，或者让儿童组成没有威胁性的二人组合，最后再让儿童和整组人分享一到两个评论。

关于语言和话语的说明

为了让书中和授课中的对话风格保持一致，范例对话中的很多句子读起来更像是说话而非语法正确的文章。

如教学和平常言语中的语言，我故意在代词"我"，"你"和"我们"之间变换。运用第一人称"我"来分享我的人文关怀、痛苦挣扎及我如何在日常生活中运用正念练习。用"你"来鼓励参与者能够参与其中，用"我们"表明我们是一个整体。

在正念的圈子里，指导者着重于话语——运用现在分词来引出存在和行动的方式，而非引导、指导或是命令。例如，我通常说，"现在请吸气，"而不直接是命令口吻的"吸气"。

使用如"邀请"或"存在"的词汇旨在让身体、内心和思维进行对话。他们的目的在于鼓励你将身体看作一个整体来对待，这样你们就能鼓励其他人做同样的事情。当你在阅读本书

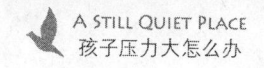

和授课的时候请把这些不同之处牢记于心。

正念一词也用于描述可以促进"安静的一角"的发现的练习，以及带着善意和好奇心集中注意力的人类普遍具备的能力。

最后，大多数句子都是被动语态的形式，而非主动语态，这样就能传达出这样一种感觉：或许不是我或你正在教授正念，而是正念的课程通过你和我来完成的。

转变

鼓励体验小组在他们从训练、练习、讨论过渡到日常生活中时也要继续保持正念。这些转变可以在下列简单的提示之下进行。

当我们开始说话时，看一下我们能否集中所有注意力去倾听彼此的声音，就像我们能听到音乐旋律那样。

当我们进一步讨论的时候，请尽全力练习正念。

看自己在开始这项练习的时候，能否专注于呼吸、镇定和安静。

当你离开走出这个房间回到自己的生活中，是否能继续专注于你的呼吸和身体。

运动

在每一节课及整个课程中应对房间内的个人和体验做出回应，这一点是很重要的。要注意到年轻人对运动的渴望，这也是极其重要的。有时让他们跳舞、打鼓、大笑、扭动、行走，做能量瑜伽，又或者像海洋里的海草一样摆动，这些方法也是很明智的。在其他时间里，让他们心无杂念地静坐，熟悉相关的想法、情绪和身体感觉。记住，我们正在建议年轻的朋友们做一些不同寻常的事情：在他们快节奏的、充斥了各种媒体的生活中，我们正在让他们慢下来，让他们把注意力向内心转移。看到他们的本来面目，同时支持他们轻松地进入静止状态，这是很重要的。

信号

当我在观看自己的教学视频时，我注意到自己说"坚持"的次数要比要求的多。对于我来说，对于开展正念练习来说，这个词汇并不是一个清晰的表达。更加有效的方法包括简单地保持安静、或运用旋律或发出一个简单的信号。所以，现在我在课程一开始就会解释到，"当我注意到我们已经丢失了自己的正念。我会停止谈话，打开音乐，或使用一个简单的信号；

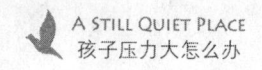

我会抬起一只手,将另一只手放在我的肚子上,然后慢慢地深呼吸。当你感受到我的寂静,听到我的旋律时,请停止交谈。当你注意到我的信号时,请停止交谈,抬起一只手,将另一只放在你的肚子上,慢慢地深呼吸。"这些动作将会帮助每一个人将注意力拉回到当下。

家庭练习

每一节课结束时,参与者都会收到一份下一周家庭练习内容的概要手册。手册中会详细介绍指导音频和日常生活练习,还用一张图表展示这一周的主要题目和一些相关的诗句和阅读材料。在用听力练习结束整个课程之前,我会通过大声朗读手册内容的方式回顾家庭练习的内容,并给出清晰的评论并回答一些疑问。除了详细介绍家庭练习,手册也可以作为对本周学习内容的回顾和强化的材料。最后一节课的手册也包含了一份当地的资源清单。如果不是每周都提供手册,在第一课开始前你就可以发放一本包括所有内容的手册。

指导音频

家庭练习最重要的内容是听指导音频。音频可在网址 www.newharbinger.com/27831 下载。

"安静的一角"呼吸练习：将觉知带入呼吸

☆ 思想观察练习：将觉知带入思想中

☆ 情绪练习：将觉知带入情绪或情感中

☆ 身体扫描：将觉知带入身体感知

☆ 善心练习：对给予和接受爱的练习

☆ 简短静坐练习：练习呼吸中的正念觉知，只针对成年人

日常生活中的正念

每周的家庭练习都包括对在日常生活中应用正念的建议。这些建议帮助参与者将他们的注意力集中于自己的日常生活，从他们的日常活动开始，比如刷牙、穿鞋，然后再扩充到更复杂的事件上，比如参与到困难的沟通中或面对个人挑战。当你解释家庭练习时将这些活动也介绍出来，着重介绍身体五感，还有感觉思维和觉知的"第六、第七和第八感"。对于在淋浴中运用正念的描述如下：

当你走进浴室时，看你能否把全部注意力都集中到洗澡这件事上。感受那冰冷的瓷砖。感知自己抓住并拧动淋浴把手的动作。听流水的声音。感受湿润和水温。留意水温的变化。感

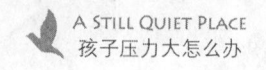

觉自己伸手挤压沐浴露的动作。留意沐浴露和肥皂的香味。感觉你洗身体时的动作。听到水流声的时候，请留意当你站在水柱下洗头、洗脸时的感受。当然，你也应该留意自己洗澡时出现的任何想法和情绪。

练习日志

在研究场所，要记录每一个参与者的练习量，这点是很重要的。在其他场景中，要得到参与者的练习量及练习方式的匿名评估，这点也是有所帮助的。请将正念的善意和好奇心带入到有关家庭练习的任何讨论中。否则正念练习就可能成为另一项儿童们"不得不"去做的"事情"。第四章中介绍了做此事的方法并附加了一篇练习日志的范文。对于那些比较熟悉高科技的青少年，现在也有一些软件可以用来记录他们的练习时间。

对家庭练习的支持：正念提醒

最初，我将整个课程一起提供给儿童 - 父母组合是在斯坦福大学的正式研究报告中。在此说法下，儿童在父母的支持下进行家庭练习。在低收入的家庭中儿童参加练习并不会频繁得到这样的支持。因此我将所有家庭练习的纸质内容都融合到相应的课程中。这样有针对性的改变保证了一项练习至少会被做一次，从而降低了参与者遗忘和懊悔或指导者感觉沮丧的概率。更为重要的是，因为这样的改变，家庭练习最初的重点变为倾听指导音频。不断完善活动和课程，用最佳方式去服务和你一起学习、玩乐的年轻人。

一般情况下，在我给孩子们上课的时候，他们的父母是不在场的。我会在第一堂课结束后给他们的父母打电话解答他们的一些疑惑，并鼓励他们支持家庭练习。不管孩子们是否有父母陪同，在每周的中期，我都会给他们发一封邮件——有邮箱的孩子，发到他们的私人邮箱内；没有的就发给他们的父母或监护人。"正念提醒"会帮助他们专注于练习。邮件的内容可能是一首诗、一幅连环画，或者是对课堂上出现的问题的回复。邮件中的主题栏应写上正念提醒再加上两三行简单的话语就可以了，例如"下午 7 点，你知道你的注意力在哪里吗？""你能将你的注意力放在呼吸上，并呼吸五次吗？"或者"你现在感觉怎么样？"邮件也为儿童们或父母搭建了一个论坛，汇集他们私下产生的任何疑虑或困惑，并邮件的形式解答他们的疑问。在一些生活水平低下的家庭中，他们可能无法上网或使用手机，那么就可以用其他方式来发出周中提醒，比如把正念提醒放到他们的学习文件中，或让老师去提醒。对于青少年来说，我经常是用短信的形式来提醒的，最近我也在用 twitter 提醒

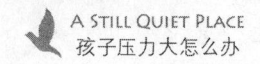

他们。

对于其他日常行为，如刷牙或做家庭作业，很多儿童甚至是青少年需要成人帮助他们记得做家庭练习。儿童-家长课程中会提供这样的帮助。如果你是一名教师，你可以把正念加入你平时的家庭作业中。如果你是参观教室的导师，你可以要求教师将正念提醒加入她平时的言语中。如果你在课后或社区中，尤其是低收入群里中开展课程，一些儿童可能需要成年人的支持。如果你能找到有效的办法在两节课之间提供额外帮助，也可以。如果没有的话，那就相信他们可以在课堂上学到足够的知识。如果你是一位治疗专家，如果合适的话，可以与客户和他们的父母在每节课结束后复习家庭练习。

不足之处

如果一节课结束之后，你意识到自己忘记了一项重要内容，可能是你讲课不清晰、不优雅甚至态度不友好，到下节课时可以改正。如果是对儿童或小组有益的事情，你可在通过打电话、发邮件或短信的方式解释清楚。当然，如果你思路够清晰，能力够突出，最好是在课堂上就熟练地传授给孩子们。然而，有时在再次尝试之前，我们需要一些时间来完善内容。

家庭练习回顾

如其他课程一样，上课时学生们需要反复阅读材料，每一节课程都包括对上一节课中参与者在练习、讨论、联系和家庭练习中感受到的体验的回顾。这些回顾会让更多的主题变得明朗，内容也会得到拓展。最重要的是，他们会提到参与者的切身经历，因此能够帮助参与者认清正念是如何让他们受益的。在小组练习中，参与者能够看到深陷痛苦深渊的人并不是只有他/她一个人，同时还能有机会学习同组组员的智慧。

指导练习

对于那些希望传授和指导正念课程的人们，和那些已经从事传授和指导工作的人们，练习不仅意味着参加正式的日常正念练习，还意味着要连续不断地探查那些我们感到无忧无思的地点和时间。尽管我偶尔仍会有妄想，幻想着经过练习我会对人类的评判、傲慢、分离、比较和不安等特质免疫，其实并不会。每次当我意识到这些封闭的以自我为中心的互动模式时，同情和连接的闸门就会再一次开启。

无忧无心的时刻有时非常微弱，只有你自己才能觉察到；有时又极其明显，整个房间的人都能感觉得到。有时觉知会在

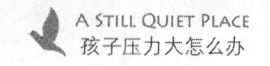

这种时刻里出现；有时当你开车回家、锻炼或睡觉的时候也会出现觉知。偶尔，在某一位课程的参与者或某一位信得过的同事的帮助下，我可以察觉出这样的时刻。不幸的是，有时它们会在不知不觉中溜走。至于这些练习的其他方面，它会帮助你带着善意和好奇心发现这些时刻，然后考虑需求。在特定的情景中，内心简单地承认这些行为就足够了。在其他时间里，指出我们的行为是有益的。我将其称之为"大声正念"；在课堂上向年轻朋友展示我们是如何运用自己的经验的，这是非常有帮助的。只有当我们自己充满仁爱之心的时候，才能帮助别人成为仁爱之人。

我犯错的形式一般有两种。有时我表现出评判和傲慢，即没有尊重参与者的智慧。有时，我沉溺于取悦别人的行为，想要自己被他人喜欢，因此没有提出一个明确的评论或者提出一个让参与者能深入思考的尖锐问题。你的形式可能与我的不同，但清楚意识到错误本身及其表现形式是非常重要的。你头痛了吗？你说话太大声或过快了吗？你夸夸其谈了吗？你拘泥于形式主义的练习、故事或答案了吗？你变得麻木了吗？

下面这个例子很普遍，出现在我第二次的课后课堂上。让我介绍一下背景。我第一次的课后课程是在亨利福特小学（一所服务水平低下的学校，在那里大部分父母都说西班牙语，80%的学生有资格获得免费午餐），参加课程的是6个男孩和

2个女孩,他们的年龄在9到10岁。校长友善地告诉我选出的这8个学生都在控制自己的冲动方面出现了问题,当直到我在第2或第3次课堂后才理解了这些问题的确切含义。

整个课程中我都很痛苦。对于那些在冲动控制和其他方面存在问题的儿童,因为他们好动、注意力不集中或性格分裂的原因,人们经常说他们是"错误"或"糟糕"的,要么明确地说出要么隐晦的暗示。矛盾是冲动之后的行为通常会导致惩罚。不幸的是,惩罚几乎无法帮助儿童们找到导致最初行为的冲动,更不用说会让他们做出新的行为。但是正念却可以。正念能帮助一个儿童看到征兆,让她意识到自己正在变得注意力不集中,正在感到愤怒,然后促使她思考自己的选择。随着时间的推移,正念可能会打破冲动-行动-毫无理由的惩罚这样的模式,为自我觉知和做出有意识的行为奠定基础。

在第一次的课外课程中,我渴望得到同学们的喜欢,因此最初为了让他们对课堂感兴趣,我显得过于宽容,使他们的问题行为升级。经过反思,我觉得面对这样一组儿童,应该更有技巧性地在行为上做出更清晰的限制,同时对他们想法、情绪和行为中的发育型缺陷抱以同情心。在第一节课上我颁布了可随时改进的行为规范和课堂协议,这些在第四章中会有所展示。

接下来的那一课是为同一所学校中有类似情况的学生开设的,我将过去的经验运用到了当前。我矫枉过正,对行为的限

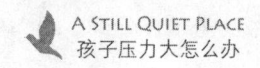

制过于严厉。虽然班上 24 个学生中有 13 个是由他们的父母或老师推荐过来的，他们都在集中注意力方面存在问题，但是第一个班级所表现出来的控制冲动在这一小组中并没有太大的问题。对这两组儿童来说，我让他们意识到参加这个课程是否是他们自己的选择。我解释道他们需要通过有礼节的行为表现出自己参与课程的渴望，这些行为还会帮助他们自己和同学去学习课程内容。

一天，一个小女孩表现出连续的破坏行为，我冷静地把她两次请出教室。经过反思，我意识到在这种情况下我的反应加重了她的初始情绪：愤怒。如果我有机会重来一次，我应该利用这个机会找到导致这种行为的想法和情绪。现在，如果可以的话，对话可以是这样的：

我：玛瑞尔，你知道在你选择重重地把书摔在地上并说出那番话之前的感受吗？

玛瑞尔：不知道

我：你愿意猜一下吗？

玛瑞尔：（沉默）

我：（对所有学生）请从你所观察到的情况判断，对于自己的情绪和行为你了解到了什么？有同学想要猜一下吗？

学生：（沉默）

我：好，我知道了。对我来说，我通常会在生气的情况下做出那样的行为。我们人类有时也会感到愤怒。有谁能说一下我们如何能辨别出自己体内的愤怒？

艾利斯：我会感到紧张、发热，像快要爆炸一样。

我：是的。我也经常会那样感觉。其他人呢？如果你生气时也有同样的感受，请举手。

（很多同学，包括我自己都举起了手。）你们还曾通过其他方式感受到愤怒吗？

史蒂芬：有时会感到发冷、身体发硬。

我：是的。我也曾有过。其他人呢？如果你们是这样的情况，请举手。（很多人，包括我自己再一次举起了手。）为什么要意识到我们生气的时间，或者更进一步，为什么要意识到自己马上会发怒？

托尼：因为那样的话我就可以停下来，不会遇到那么大的麻烦。

我：除了托尼，还有其他同学因为愤怒和愤怒引发的行为而陷入困境中吗？如果有的话，请举起你的手。（我微笑着举起了我的手。）当我们练习正念时，我们能留意到自己的情绪变化。我们能留意到自己体内愤怒的感觉：发热，感到紧张，好像要爆炸了一样，或者发冷，身体变硬。然后，至少有时候，我们能选择自己接下来要做的事情。或许在这个星期内我们所

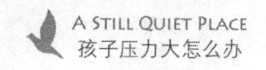

有人都能看到自己能否会注意到自己体内愤怒的感觉。你甚至可以试着留意到愤怒出现在我们体内的那些初始信号。

即使她仅仅是坐在那里,翻动眼睛,奇怪的是,玛利亚和她的同学们都将会意识到我们全都会发怒,而愤怒感正是人类的一部分。更为重要的是,他们将会了解到正念会帮助他们应对这些强烈情绪。如之前提到的那样,对这样一次讨论进行指导时需要我们承认自己的愤怒情绪。

需要指明的是,这并不意味着:如果玛利亚继续捣乱我就不会再把她请出教室了。然而,在理想情况下,我首先会提出上述的问题。

将我们自己定位为传授正念的老师需要我们应用该练习——尤其是在传授和指导练习的时候——当我们不是很熟练的时候应该多加探讨。我们的工作是在否认和猜测并过度分析这些时刻的中间状态寻求平衡。如果我们愿意对这些时刻待以真诚,它们就会帮助我们成长,并对我们自己、老师(课程参与者),和所有人表现出严厉的同情以及怜爱般的严厉。

我们传授正念练习,正念传授我们知识,这两种情况是大不一样的。如果我们富有勇气,心地开阔的话,正念会教给我们成为一个完整的人的方法。据我所知,实践出真知,但有时候熟却不能生巧。让正念练习尽可能的渗入到你的日常生活中:

你的授课，你的工作和私人关系上，你日常的交往上，你的电子邮件，你的电话中等等。

与随后该课程的第一课相同，本书的前三章对"安静的一角"和正念练习进行了介绍，并对整个课程做了一个基本的概述。第 4 到 11 章详细地介绍了课时 8 周的课程。每一节课都包括正念练习、指导问答、互动活动、和运动练习。大多数课程都包含了额外的材料，如插图、类比、故事和诗句。课程章节之后是指导性的个人调查、详细的指导说明及准备将课程介绍给儿童和青少年的一些重要提示。现在让我们开始第一节课，这节课会向参与者介绍"安静的一角"、正念练习及对课程内容做一个基本的概述。

四
第1课 吃一口，呼吸一下

目的

  本节课的目的在于向参与者介绍"安静的一角"及正念练习。为了显示这些时间是正念的专属时间，本节课及接下来的每一节课都以听力练习开始。听力练习之后是对正念的简短介绍，同时这一概念也会在整节课和整个课程中得到扩展。听力练习之后，会制定并审核一些小组的协议和规范。一旦制定出小组协议，参与者就要向组员做自我介绍。在本节课的剩余时间里，开展和讨论正念饮食及适合各年龄段，以呼吸为基础的安静一角的练习，以此来提供一种体验并给出"安静的一角"和正念的实用释义。这节课（及所有的课程）结尾会和开头一

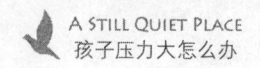

样都是一段简单的听力。

概要：训练，练习与讨论

☆ 正念听力练习

☆ 正念介绍

☆ 小组协议和规范

☆ 参与者介绍

☆ 正念饮食练习

☆ 正念饮食讨论

☆ 基于呼吸的"安静的一角"练习和讨论

☆ 大声朗读：拜德尔·贝勒的《每一个人都需要摇滚》

☆ 家庭练习概述

☆ 以正念听力练习结尾

正念听力练习（所有年龄）

请参与者保持身体处于静止的状态。通过简单的练习引导他们，语速放慢，为他们的体验留出时间。下文中的省略号、事例、释义和对话都表示长长的停顿，以给他们留出更多的体验时间。

过一会我就会打开音叉，你会听到一种声音。看你能否集中自己的注意力、耳朵、思维、内心和身体来倾听这个声音。当声音消失，你再也不能听到它的时候，请静静地举起你的手。闭上你的眼睛，举起你的手。好的，请闭上你的眼睛…（打开音叉，然后等待声音消失，让每一个人都举起手。）现在，在睁开眼睛之前，请花一点儿时间倾听一下声音中的静谧……现在以这种方式倾听你的身体、思维和内心的感受……当你准备好了，可以睁开眼睛。然后我们再接着尽量用自己所有的注意力倾听彼此，就和我们刚刚倾听那个声音一样。

做完后，你可以和他们谈论倾听体验："用这种方式去倾听，你感觉怎么样？……""在听完之后你的身体、思维和内心有什么样的感觉？"在自己体验的感觉之上，你也可能会问"会不会有人很难做到全程从头到尾都在倾听？""你遇到了什么样的困难？"这是第一节课，你有充足的时间来解释不同正念练习所出现的共同困难，这一次无须过于深入挖掘这个话题。一些简单的评论就足够了："是的，就算是只听很短的时间，我们的注意力也很容易分散。在接下来 8 周的课程中，我们集中注意力的能力将会变强。让我们一起再听一次。"

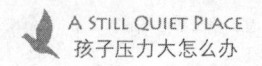

正念介绍（所有年龄）

紧接上文，你可能会给出下列解释：

我们所做的听力练习就是正念。正念就是集中注意力于此地此时，带着善意和好奇心，这样我们就能够选择自己的行为。当你把注意力集中在自己的听力上时，这种倾听就属于正念式的。通过练习，你能学会把这种轻柔的正念注意力带到你生活的所有活动中——听、吃、唱、读，甚至是辩。当我们交谈时，让我们看一下我们自己是否能听到彼此，要带着我们之前听音叉的时候那同样的好奇心和注意力。

对于这种情况，我偏向于在向参与者教授正念的概念之前，先让他们体验一下正念听力。这之后对正念的释义就不仅仅是理论上的，还与倾听声音和安静的体验有关。整个课程中，你可能会频繁地改变正念的释义，着重于相关的措辞，演示正念练习中那独特的一个部分，如何为了做出选择带着善意和好奇心把注意力集中在此地此时。至此，这些方法已足够让我们的年轻朋友了解到他们所做的集中注意力的听力就是正念听力，并且要向别人分享这个概念。

小组协议和规范（所有年龄）

在完成听力练习的指导并对正念做出有效释义之后，我开始自我介绍。我说出自己的名字，通常也会介绍一下自己孩子的年龄，尤其当参与课程的年轻人与我的孩子同龄时，更要强调这一点。我解释道自己之所以向年轻人教授正念是因为我发现它对我自己的生活是非常有帮助的——尤其是当我处理一些紧张情绪和困难情况的时候——我希望自己在他们那个年纪就已经学会了正念。我也可能分享一些有关我之前在同一所学校里或向同一年龄段儿童教授正念的经历。

然后，为了使教室内的每一个人都能善意待人、尊重他人，我会制定小组协议和规范。根据小组成员的年龄，他们参与的水平以及时间的限制，我可能会邀请成员提出一些让我们更好相处的建议（按照需要可增加条款和轻微调整），或者我可以只提供下面的规范。如果教室内有黑板，我可以把协议写在黑板上；如果没有，我们可以口头叙述。

保密：问学生是否有人能解释"保密"的含义。最简单的解释就是"教室内发生的事情就让它留在教室里。"这尤其意味着不要分享他人在操场和走廊上分享的内容，也不要分享他们的文章、twitter 或 facebook 中的内容。一个男孩认为保密

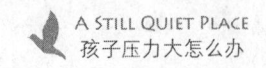

的意思就是感到自信。这是一个非常好的解释，因为当我们了解到"我们在教室内说的话会留在教室内"的时候，我们在分享经历时会感到安全和自信，否则我们是不会分享那些信息的。

有权不参与：一个人可以因为各种理由在各个时刻选择不说话。在课程前期，让每一个参与者感觉到安全并接受自己本来面目是尤为重要的——特别是如果他感到害羞、愤怒或抑郁。在一次课程中，一个名叫埃文的小男孩背对着教室，前3节课都没有参与讨论。（在第4节课中你会听到更多有关埃文的事情。）

礼貌的行为：要求参与者对礼貌行为的协议和规范提出建议，礼貌的行为会让他们感到安全，让他们和同学们去学习。行为协议完成之后，它应该包含下列内容：

正念听力

把你的全部注意力集中在任何一个正在说话的人——用你的耳朵、思维和内心，"就像我们听音叉那样。"（在当下这个时代，对于小孩子和青少年，要轻轻提醒他们关掉手机和其他电子设备，或将其放在一边，这是非常重要的。）

正念说话

讲述自己体验的时候，要使用第一人称；不要中断；给其他人留出说话的时间；当你产生了一种强烈的渴望，想要炫耀，隐藏，提建议，指挥别人，争论，或者变得愚蠢、吝啬或显示出破坏力的时候，要多加注意；之后再选择你说话的时间和方式。

对你的身体负责

待在你自己的"空间外罩"内（即你自己的空间）——不要打扰、冲撞、撩拨或惹怒你的邻居。你可以按照这些提示说事情："花上一点儿时间，想象一个"空间外罩"围绕着你。有时，当我们像这样紧挨着坐在一起，我们的"空间外罩"可能感觉起来会很小并且离我们的身体很近。其他时候，如当我们做运动时，我可能会让你的空间外罩变大了一点儿，请确保你的外罩没有撞上你邻居的外罩"。针对儿童和青少年，你可以更多地运用感觉类词汇并且尊重他们的个人空间。

成为一个有团队精神的人

创造一个环境以支持每个人在一起学习时候能够遵守我们之前定下的协议。

小组成员在遵守这些协议的时候需要对它连续地改进。通常那些最具破坏性和"最有问题的"儿童更有可能从"安静的一角"中获益。经常有人或明确或隐晦地告知这些儿童，他们是"坏的"或"有问题的"，我力图接受这一切。然而，就像之前描述的那样，在我第一个课后课程中，我认为这样做太过火了。小学校长面带微笑地提到她已经将所有患有注意力缺陷多动障碍和冲动控制障碍的儿童送到了我这里。当时我没有真正明白她的意思，一开始我太悲观了。用了几节课的时间才找到最适宜的界限，帮助组内成员接受他们自己。我最终选择的

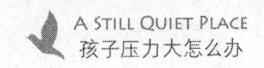

界限包含在上述协议内。

当前，我没有明确标出的内部界限是参与者可以发出嗡嗡声，可以小声地自言自语、乱写乱画、闹腾、坐立不安、扭动等等，只要他不干扰上课——或者不打扰其他同学或转移我的注意力。我对孩子们这样说：

你不必非得参与其中，如果你选择不参与，可以安静地坐在那里（或者去办公室）。如果你留在这里，你就要做出相应的行为。如果你的行为具有破坏性，我可能会警告你要注意我们的协议。然后我会要求你远离朋友或坐在我旁边。如果你的行为仍然对其他人倾听或体验静止和安静造成了困扰，我会请你出去（或去办公室）。

大部分学生都想要参与正念。他们喜欢静止和安静，想让别人看到和听到。他们珍惜那来自你（指导者）、他们的同班同学及他们自己的充满善意的关注。请记住，如果你让儿童离开教室的话，他必须要到一个安全的受监督的地方。

介绍（所有年龄）

在回顾协议和规范之后，请参与者介绍自己的名字，讲述他们感到有困难或压力的一件事情，以及他们喜欢自己的哪一点。你会对他们积极主动的态度感到吃惊。一次课上，一个勇气可嘉的男孩说："是我的爸爸妈妈让我来的，我想要改掉坏脾气。"另外还有两个男孩、一个母亲和一个父亲感觉很自然地说出自己也有同样的需求。

某些参与者会大方承认他们的父母及其他监护人、老师、医生、指导员、监视官强烈鼓励甚至是要求他们参与课程，这一点是非常重要的。如果情况属实，他们参与课程的想法和情绪就会更加强烈，参与次数也会更多。向他们表明你真正的理解他们，你欢迎他们在课堂上表达自己所有的想法和情绪，这一点是很重要的。之后，你可以返回到对于正念的解释，强调课程的重点在于集中注意力，承认并接受我们紧张的想法和情绪，然后选择我们的行为。这种承认我们想法和情绪的方式在我们遇到困难的境遇或不喜欢的情况下是极其有帮助的。

对那些被要求来参与课程的儿童和青少年要抱以真正的怜爱之心，经过明智的考虑，你可以这样说：

"或许你已经拥有了这些技能却没有表现出来，所以有人要你来参加这堂课。我们所有人都会有紧张地情绪。当我们不知道如何处理这些情绪时，我们通常以一种会让我们后悔的方式表现出来。像你一样参与课程的其他儿童已经发现在学习正念之后（学习带着善意和好奇心集中注意力于他们紧张地想法

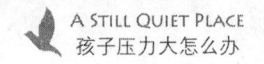

和情绪，选择他们的行为，清晰有礼地与他人交流。），他们的人际关系改善了，他们不再做出让他们陷入困境的行为，他们对自己的感觉会更好了。"

再强调一下，这样的探究需要最大的智慧和怜爱之心。通常情况下，人们也会自然地进行反思，当然在课程的后期这样的对话会出现。在前言部分提及它的目的是让我们的年轻朋友思考正念在他们日常生活中的应用。通常，甚至一开始做出抗拒态度的学生也会从中发现其价值所在。然而，如果几节课过后一些儿童明显表现出不想参与课程的意愿，我会和要求他们来参与课程的人进行沟通。（参见第十四章中的相关对话）

在所有参与者做完自我介绍之后，用你要求他们的形式再次介绍一下你自己：说出你的名字（和参与者一样，我只用自己的名，不用姓），让你感觉到压力的事情，你喜欢自己的一点。通过此种方式让自己参与其中，表明自己在正念练习上所做出的努力，进而成为课程真正的参与者。

正念饮食练习（所有年龄）

很多儿童和青少年都喜欢正念饮食，如果时间和条件允许的话，我的每一节课都可以从正念饮食开始。如果你教授的课程是在学生放学后开始的，那时的小孩子是特别饥饿的，所以正念饮食是很重要的。我们通常向他们提供橘子、苹果或无花果。避免提供糖分很高的小吃，且和儿童、老师或家长沟通，确定那些小孩子对哪些食物过敏。下面是一个有关苹果的正念饮食的例子，是一个对5到8岁儿童的指导，括号内的内容是针对年纪稍大的参与者在词汇上所做的一些改变。请记住指导这项练习及这本书中所有练习的时候，你都需要建立在自己全面的个人练习经验之上。

　　花上一点时间，注意一下现在你自己的感受：好奇、疲惫、还是躁动（坐立不安）……

　　我听到很多看法诸如，"太好了，我喜欢苹果，""啊？我讨厌苹果。"注意苹果在众人手中传递时你自己的想法……让我们用一点儿时间，感知你手上的东西……是轻还是重？……暖还是凉？……光滑还是粗糙？

　　你看到了什么？一个苹果？好的，如果你拿走苹果的概念，你看到了什么？……仅是一种颜色？……形状和纹理呢？

　　为了加强互动的意识，你可以提出下列问题。希望参与者对大部分问题都能给出答案。

　　茎是做什么的？……他直接连接在树上。你有茎吗？……

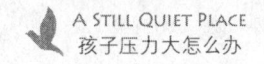

是的，你的肚脐就是你的茎。它将你与何物连接？……苹果为什么没有通过茎连到树上，又是如何到了你的手上的……是的，它从树上滑落下来，或有人摘下了它。然后呢？……它被放到卡车上然后装箱，或先装箱然后装上卡车。有人开车把苹果送到店里。有人卸下，贴上价格标签，放到货架上。有人——比如我会挑出来，付钱，买回家，洗一洗，放到包内，带到课堂上。你旁边的人把它递给你。现在它就在你的手上，正等着被吃掉（微笑）。

当我们吃这些东西的时候，请让我们用它们来练习正念。将我们的善意和好奇的注意力放在气味上。这个东西闻起来怎么样？……当你嗅它的时候你的嘴里和思维都发生了怎样的变化？……现在闭上你的眼睛，将你的注意力往回放，放在你自己和你的物品上……"

在做下一步练习前我们要保持静默，指令是非常缓慢的，就和游戏《西蒙说》一样。（对于年龄稍大的参与者你可以不用提这个游戏）你最好不要抢在我的前面。将东西放在嘴里，咬一口，让它停在嘴里，不要下咽。

请注意你要和学生一起练习，这一点很重要。否则你说的只是理论上的而非此时此地的体验。这种理论并不一定要体现出当下的不适体验，那种体验就像嘴里突然出现橘子。一个下午，我坐在学校的图书馆内一张印有世界地图的毛毯上，我和 14 个四年级的学生在一起，我们吃了极其酸涩的橘子。如果我没有和学生一起体验，就不会知道这些橘子尝起来有多难吃。更不用说，这一体验为我们讨论如何处理不愉快的体验打开了一扇门，这在随后的课程中得到了拓展。注意嘴里塞满东西是可以说话的。孩子们会发现那很有趣，会让他们意识到我们一起在做练习。

把那一口苹果含在你的嘴里，留意你嘴里发生了什么……不要着急……现在咀嚼一下，尝尝味道……接着再咀嚼一下，注意味道的改变，以及你的牙齿和舌头是如何工作的……尽你所能将你的所有注意力放在嘴上、苹果、咀嚼以及口味上……

留意在你真正吞下苹果之前，是否有想要咽下的渴望，然后感觉当食物移动到你的喉咙的整个吞咽过程……慢慢来……要保持好奇心……在你睁开眼睛之前，留意此刻你身体、思想以及内心的感受。

"咬一口"的正念练习可能要花上 1 到 2 分钟。这项练习是一项非常具体的，能让学生将注意力集中于当下的方法。

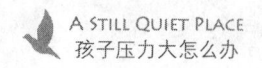

正念饮食讨论（所有年龄）

记住，当讨论不同种类的练习时，对于对话的深度要做出明智的选择；让参与度、评论话语和你指导的学生及团体来引导你。对于年纪稍小一点儿的儿童，最好将讨论限制在 1 到 2 个简单问题。简短的讨论也并非无效，因为这会为不断深入了解对方打下基础。

让学生知道他们所做的听力练习和饮食练习都属于正念练习——集中注意力，此时此地，带着善意和好奇心。在孩子们开始讲话之前，提醒他们正在谈论的过程当中，每一个人都要继续正念说话和听力的练习。然后，请他们分享练习的经历。这样提问题，"用这种方式吃东西感觉怎么样？你注意到了什么？"

你可以从参与者的话语中感到我们文化的快节奏，即我们是如何匆忙地从家里赶到学校，再从学校去踢球和练琴，然后再回家。你可以试着慢下来，不仅品味周围的事物还要品味我们的生活。在一段讨论之后，让参与者吃另外一种正念食物，这一次少一些指导，更加安静一点。

确保你收到的评论是那些不吃或讨厌小吃的人做出的，亦或是在练习时感到困难或讨厌练习的人，然后承认生活中会有一些不愉快的经历。在接下来的课程中，我们会更深入的探究与这些不愉快事件相关的想法和情绪。现在就承认这些不愉快情况的存在，并且建议在我们的生活中还会有其他处理不愉快事件的方法，这就足够了。一些简单的问题或评论会为接下来的讨论奠定基础。例如，你可以这样说：

是的。有时事情并不是我们想象的那样，或者我们并没有得到我们想要的。当事情没有按照你的方式发展时该如何处理？随后，在课程中我们将会体验处理这些事情的不同方法。有些是小事情，是困难的、令人沮丧的，或让人不愉快的，比如吃他们不喜欢吃的苹果；有的是大事情，如丢了自己的书包；甚至更大的事情，如父母离婚。

呼吸练习与讨论：宝石或放松（所有年龄）

在所有儿童都发言之后，接着进行"安静的一角"的呼吸练习。针对4到10岁的孩子们，我通常以一项被我称之为"宝石"的练习开始。在这个练习之中，我们会用到石头。对于儿童和青少年来说，我以休息练习开始。我会提醒参与者现在正在由正念谈话练习向另一项指导性练习转变，以此来保证重要的注意力的持续。

在下文中我对两种练习都有所概述，儿童和青少年的 CD

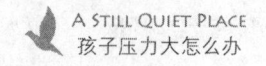

中分别有音频版。除此之外，适用于所有年龄段的"安静的一角"呼吸练习的样例可在网站 www.newharbinger.com/27831 下载。

宝石（4 至 10 岁）

对于这项练习，我需要一篮子或一碗雨花石或带颜色的玻璃珠。这些东西要足够大，这样小儿童不可能吞下，同时又要足够小，儿童们能舒适的将它们抓在手掌内。你可以一边走路一边收集这些石头，或者这些石头和玻璃珠在很多饰品店里都能成堆的买到。一旦儿童们选出了他们的石头，这项练习就要进行3到5分钟。

让每一个孩子都挑选一块石头或一个玻璃珠。当儿童们在挑选石头的时候，鼓励他们留意自己的思想和情绪。例如，你可以说，"你们正在等着挑选自己的石头吗？等待的感觉在你体内是什么样的？……当你在等待的时候会有什么样的想法？……"一旦儿童选定了他们的石头，要指导他们探究石头上的细节："现在花点儿时间静静地将你善意的好奇的注意力放在你的石头上。它是什么颜色的？它有几种颜色呢？……它是光滑的还是粗糙的，或者既光滑又粗糙？……是重还是轻，或者介于两者之间？……是温暖的还是冰凉的？

当每一个人都拿到石头时，如果条件允许的话，让每一个儿童都躺下，把石头放在他们的肚脐处，隔不隔衣服都可以。

如果空间有限的话，他们可以坐在椅子上，拿着石头贴着肚皮。偶尔，做一些简单的调整或发出一些特殊的指令，如"闭上你们的眼睛和嘴巴，""身体分开，"或"艾利克斯，到这边来。"

然而对于你来说，最好的方式就是躺在地板上和他们一起做练习，这样一来，练习就完全与此时此地此景连起来了，一些活跃的小组需要你睁着眼睛做指导，此时你要注意的不仅仅是自己的呼吸还有房间内的活动。一些我认识的正念老师（尤其是那些工作对象是经历过巨大创伤人群的老师）一直是睁着眼睛的，并且说着这样的话"为了让你们在这里能感到安全感，我承诺我会闭上自己的眼睛。如果你们愿意的话，也可以闭上眼睛。如果不愿意的话，请把注意力集中在桌子上或你前面地板上的某一个点。"一个折中的方法就是大部分时间里你闭上眼睛，中间频繁地睁开眼睛扫视教室，送给那些选择睁着眼睛的学生一个微笑。

当每个人都安静下来后，让他们通过感知石头随着呼气和吸气的上下起伏而感知呼吸的存在。如果学生们是坐着的，让他们随着吸气时肚子的膨胀和呼气时肚子的缩小感知石头的移动。然后鼓励他们去感知吸气的整个过程，从石头开始移动直到静止。鼓励他们感知整个呼气的过程，从石头开始移动直到静止。鼓励他们感知吸气与呼气之间的静止空间以及那个呼气与吸气之间的静止空间，让他们将注意力放在气息之间的"安

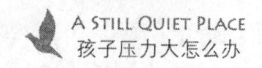

静的一角"。

一项练习的建议时长不要超过其年龄数。起初，练习时间可能会更短。儿童们不需要完全静止，你需要给他们留出更多时间用来平复自己，结束的时候，和开始的时候相比，大部分人都能更加静止和安静。如果有人——或他们所有人——在练习过程中坐立不安或来回扭动，你可以友善的说："请注意你的身体在扭动。你的身体可以扭动。但是要注意到这种扭动。"

当你在做练习总结的时候，请鼓励参与者在把注意力集中在呼吸和石头运动的几分钟后留意自己的身体、思想及内心的感受。之后，只要他们准备好了，就能轻轻地移动手指和脚趾，伸展、睁开他们的眼睛、慢慢地坐起来，不碰到旁边的人。

放松（11至18岁）

对于青少年来说，这里有一个类似的介绍性练习。这项练习预计需要4到6分钟。再次说明，是坐立还是平躺着练习取决于具体的练习环境。

休息片刻。在接下来的几分钟内，暂时放下所有——家庭作业、父母、走廊里的闲言碎语、你内心的碎碎念，下一件新的事情——让每一件事都准确地恢复原来的样子……然后开始放松。

让你的身体放松。如果你感觉舒适，闭上你的眼睛。如果不舒服，把注意力集中于你前面的一个中心点。感知你的身体正由椅子、沙发或地板支撑着。你身体及面部的所有肌肉都放松了。你甚至还可以放出一个缓慢的长叹。

让你的注意力停留在呼吸上……感受腹部呼吸的节奏。感受腹部在每一次吸气时的膨胀、每一次呼气时的释放。将你的注意力集中在呼吸的节奏上，让其他事情都淡化成背景……呼吸，放松……不去任何地方，不做任何事情，不成为任何人、不证明任何东西。

感受吸气，从第一口到气息停止的地方；感受呼气，从呼出的第一股气息到气流停止的地方。现在你是否能将你的注意力放在呼气与吸气之间那"安静的一角"……在呼气与吸气之间的安静之处再次休息。

呼吸、放松、保持住……这还不够，请坚持呼吸并保持静止。

感知一直存在于自己内心的静谧与宁静。

当你的注意力游离的时候，请感知腹部呼吸的节奏，它会慢慢回到呼吸上。

选择将你的注意力集中在呼吸上。保留事情的本来面目……你自己的本来面目……没有需要改变、巩固和提高的事情。

呼吸与放松。放松与呼吸。

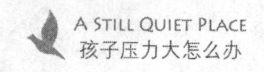

在这节课的结尾处，你可能想要记得在我们快节奏、媒介充斥的世界里，放松是一种极端的行为。通过练习，你可以学会在任何时间和任何地点呼吸与放松。当你正在穿鞋的时候……当你正在课堂上挣扎的时候……当你和朋友出去闲逛的时候……甚至是当你和别人争辩的时候……当你感到紧张、抑郁、烦躁或愤怒的时候，这种呼吸与放松的方式是极其有用的……所以让自己放松一下。

有关呼吸练习的讨论（所有年龄）

随着对呼吸练习展开讨论，让参与者随着呼吸，把注意力集中在呼气和吸气之间的空间是找到"安静的一角"最容易的方式。还要说明因为人们一直在呼吸，所以可以一直拜访那个"安静的一角"，不管我们感到快乐还是悲伤，愤怒还是兴奋，自信还是恐惧，不管我们在跳舞、阅读，还是争论。

然后，根据同学的意愿让他们分享自己的练习经历。当他们分享的时候，请留意你自己的反应。你可能会很想听到参与者说自己感到放松或平静。对于你来说，竭尽全力听到所有不带有评判或偏好的经历是最重要的。注意当参与者提到他们感到沉静的时候，作为参与者的我们会有想要说"好的"或"非常好"的意愿。这些评判性词汇会导致人们对正念的困惑。不

第 1 课　吃一口，呼吸一下

要产生或帮助他们产生一种正念就是变得冷静或放松的误导性概念，而是确保他们认识到：正念是帮助我们能清楚的了解到当前正在发生的事情。

要记得询问同学是否遇到这些困难——思想游离，身体坐立不安。如果有人注意到焦虑或烦躁，那就是正念。在随后的课程中你可以讨论如何处理（注意不要陷入）烦躁、焦虑和其他不愉快的状态。如果有人提到有一个邻居让注意力分散了，这就给你提供了一个好机会，以此提醒小组成员课堂协议中的那些规定，同时提醒每个人注意他的注意力已经从你建议的焦点（即呼吸）移开了，并让他尝试将注意力返回到呼吸上面。

家庭练习回顾（所有年龄）

在呼吸练习之后，分发概述下周家庭练习内容的手册。这一章末尾处有一个案例。当我在介绍家庭练习的时候，因为"家庭作业"存在丰富的联想意义和隐含意义，所以我不会使用这一个词。请大声地读出家庭练习的内容，回顾这一天练习的主题，然后按照需要给出一个清晰明确的评语。考虑使用适合参与者年龄的图表来展示这一周的主题。此外，你还可以选择为整门课程制作一本工具书，将家庭练习、课堂练习的内容、图表、及诗句一并囊括其中。第一节课的家庭练习内容包括正念刷牙，

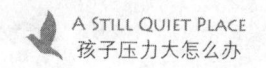

你可以按照下列描述的那样像演哑剧一样表演出来。

当你开始刷牙的时候，对刷牙这件事要集中你全部的、善意且充满好奇心的注意力。请感知自己拿起牙膏、拧开牙膏帽、拿起牙刷、挤牙膏、放下牙膏的动作。感知自己刷牙时手、双臂、舌头及脸颊的动作。留意牙膏的气味，感觉你是如何吐出或吞下的（这可能会有点搞笑和恶心。）当你发现自己的思想游离到将来或过去的时候，慢慢地把注意力拉回到刷牙和品尝这件事上。当你冲洗牙刷的时候，聆听水流的声音。感知你把牙刷和牙膏放好的那一时刻。在你刷牙的几分钟里，看自己能否集中全部的注意力，不把注意力转移到其他事情上，比如家庭作业，你在今天所遇到的困难或令人兴奋的事情（如给朋友发短信）……

在第一节课中，也需要上交在这一章结尾的家庭练习日志。这个练习日志为我们提供了一个简单有效的方法，用来记录参与者所做的指导音频和家庭练习的数量。练习日志对于研究来说是重要的，在治疗过程中，学校里和社区场景下记录家庭练习的内容是非常有益处的。为了不影响到参与者的反应，你可能需要让他们匿名。填写儿童姓名的地方可以用身份证号码来代替，或者告知参与者，如果他们愿意的话，可以在空白处留下名字。

如果时间允许的话，你可以把一个短暂的指导性呼吸练习包括在里面。

结束正念听力练习（所有年龄）

借用我的朋友兼同事苏珊·凯撒·格陵兰（在内心孩童项目工作）的方法，我喜欢请一到两个学生敲响听力练习所用的音叉来结束课程。这些学生都很诚实、专注或对练习充满好奇心，且全身心地参与到练习中去。这样的安排有利于提高同学的参与度。像开始课程那样结束课程，让每一个人闭上他们的眼睛，听声音，然后当声音消失后举起手。（课程结束的时候，我为每一个参与者提供敲响开始和结束铃声的机会。表现出破坏性的学生最终也会为能够拥有这样的特权而感到兴奋。）

如第三章提到的那样，我建议你在第1周的周中通过电子邮件、短信或电话的形式与参与者联系。交流形式可以是非常简单的，比如"你好，我仅仅只是想查看一下家庭练习的进展情况。你有什么疑问吗？我能帮到你吗？"很多年轻朋友都会忘记家庭练习，用这样的方法就能提醒到他们。偶尔参与者会说自己找不出时间去做练习或者在练习过程中遇到了困难。解决这些困难的方法将会包含在第2节课家庭练习的回顾环节中。

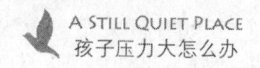

家庭练习——第1课

正念是简单的。

它的意思就是将注意力放在此时此地，带着善意和好奇心，然后选择你的行为。

"安静的一角"练习的音频就在网址 www.newharbinger.com/27831 之上，或者宝石练习或放松练习（"安静的一角"CD版本：《"安静的一角"：儿童正念》及《"安静的一角"：青少年正念》，至少一天一次。

日常生活中的正念练习

◎ 正念刷牙

带着善意和好奇心，没有内疚，填写家庭练习日志。你可以很容易地在每一个方格内给出成绩，或写下 CD 练习和活动的名字。

如果你有正念时刻（当时你可能会注意到你之前没有注意到的事情），或者如果你有想要和他人分享的问题或困难，请给我打电话或发邮件。如果你下节课不能参加练习也请告知我。

第 1 课 吃一口，呼吸一下

练习日志

家庭练习：第一周　　姓名：_____

	指导性练习	日常生活练习
星期一		
星期二		
星期三		
星期四		
星期五		
星期六		
星期天		

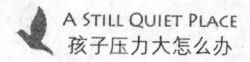

请在下面空白处分享你在"安静的一角"中休息和做正念练习时的体验。你可以写下你不想与组内成员分享的困难、问题以及察觉到的事情。

五
第 2 课 重新开始

目的

    这一课最重要的目的是帮助参与者建立日常的练习。刚开始，你让个人或小组就他们在做指导性音频和刷牙练习的体验及遇到的阻碍进行讨论。然后，你可以向那些做练习的人征求意见，并就如何腾出时间做练习给出自己的建议。课程的后半段是对一个愉快事件的推进性探究。这一练习的目的是帮助参与者将注意力放在他们体验的细节上，开始逐渐培养他们观察自己想法、情绪和生理感觉的能力。

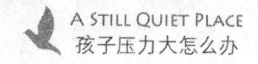

概要：训练，练习，讨论

☆ 正念听力练习

☆ 正念饮食练习

☆ 家庭练习回顾

☆ 海草运动练习

☆ 呼吸练习：宝石 或放松。

☆ 愉快事情练习和讨论

☆ 朗读读物：罗曼·里夫的《爱花的牛》

☆ 家庭练习回顾

☆ 结束正念听力练习

正念听力和正念饮食练习（所有年龄）

在向参与者问候之后，请每一个人"再次开始"，通过听音叉的声音和随后的寂静将他们的注意力放在此时此地。从这里你可以移向饮食练习。帮助参与者放慢节奏，将他们的所有注意力放在颜色、纹理、气味、思想、情绪、声音及每一口的味道上。

家庭练习回顾（6 至 18 岁）

在正念饮食练习之后，将会是对家庭练习的讨论。至于其他自我爱护的日常活动或家庭练习，大多数 6 岁以下的儿童都需要在成年人的帮助下建立日常练习。因此，下列讨论适用于 6 岁及以上的儿童。（如果你的工作对象是小孩子，你可以只请一些做过家庭练习的人来帮忙，然后直接进入到海草练习。）

提醒整个班级的学生们，让他们知道自己正在练习自己把善意好奇的注意力集中在他们的生活中，现在他们将会把这些品质带入到家庭练习的讨论中。这堂课以对一项指导性音频练习的讨论开始：

现在我会对家庭练习进行讨论。在我们继续之前，请留意当我说出"家庭练习"时出现的任何想法和情绪。你可能会想，"什么家庭练习？"[当你说这些时要面带微笑。]你感到恐慌、骄傲或尴尬吗？（你曾有过"我不在乎家庭练习"这样的想法吗？你是否对自己进行评判？你是否开始拿自己与他人作比较？）

你们中有人用音频做练习内容吗？有没有人完全忘掉了音频？不管是哪一种情况都没关系。不论你做过练习还是忘记了，我们都将会带着善意和好奇心来讨论你的经历。

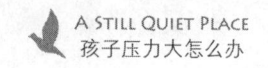

讨论中要确保没有做家庭练习的参与者在报告此事时不会感到不舒服。然后不加评判的帮助他们分析不做练习的方式及原因，就像下文那样：

☆ 有什么障碍吗？

☆ 不做练习，那你做了什么呢？

☆ 可以每天花5分钟用善意关注自己，把它既当作礼物也当成挑战吗？

☆ 你认为一天中哪个时间段是最佳的练习时间呢？

☆ 那些做了练习的同学能分享一下感受吗？一天中哪个时间效果最好呢？在做完练习之后你能发现什么？

和同学讨论做指导性音频练习时在时间安排上存在的共同障碍，为去除这些障碍提出建议。通常至少有一组参与者会报告说他们做了练习并发现很有益处。如果没有人提供这样的报告，你可以简单地提醒他们很多孩子都发现最容易的练习时间是在放学后、做家庭作业之前、做各科作业之间或上床睡觉之前；他们说在做家庭作业之前或做家庭作业期间进行正念练习会帮助他们集中注意力，更容易的完成练习；有睡眠问题的儿童在练习之后再上床睡觉的话会睡得很好。

第 2 课 重新开始

对于那些忘记做家庭练习的人们,要强调每一刻都是全新的时刻,他们可以随时就开始练习。这可以帮助参与者意识到他们正在培养一项优势或技能。就和学习一项运动或一门乐器一样,正念也是需要练习的。你可以这样解释:

事实上,在一种功能性磁共振成像(可以为大脑的运动成像)的特殊机器帮助下,科学家已经表明当人们练习正念时,大脑中与学习和记忆有关的区域将会变厚,其他与担心和恐惧有关的区域将会变薄。所以当你练习正念的时候,你就是在锻炼自己的"大脑肌肉"以及改进你大脑工作的方式。

接下来,询问参与者他们有关正念刷牙练习的体验。要再一次强调他们在刷牙时应注意到的五感及思想(通常被认为是第六感)和情绪(第七感)。你可以用这些问题来帮助他们探究自己的体验。

☆ 当你拿起牙膏时能感觉到它的重量吗?
☆ 当你挤牙膏管的时候能感觉到你的肌肉在动吗?
☆ 你清楚你牙膏的味道吗?
☆ 当你刷牙时味道有改变吗?

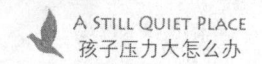

☆ 你的思想有游离吗？

☆ 如果思想游离了，它去了哪里？

☆ 你注意到吐出和清洗牙刷的动作了吗？

海草运动练习（所有年龄）

因为大部分年轻的朋友在一天内的大部分时间里处于不自然的静止状态，所以每一节课都包含至少一项简单的运动或练习，这对他们是有益处的。在下雨天或雪天，孩子们没有休息的地方，也不能去户外，做几项室内运动是明智的选择。参照团体行为，调动你的智慧。在随后的课程中，你可以做一些运动让参与者注意到与焦躁不安相关的想法、情绪和身体感觉。

我最喜欢的适用于儿童的练习之一是让他们假装是海水里摆动的海草。（是的，这项练习甚至要和那些"装酷"的不情愿的青少年完成。）每一个儿童都是长在地板上的一股海草。刚开始，参与者全都在强流中，发出大的、快速的动作（不要碰到旁边的人）。渐渐地，流速变慢，动作越来越小，然后非常轻柔地摆动，最后静止。通过这项练习，你可以轻柔的提醒学生们关注于他们自己的体验，弄清楚自己的身体感觉、想法和情绪。

第 2 课 重新开始

请起立。慢慢地伸开你的手臂。确信你有足够的空间摆动手臂且不会碰到物品和人。现在让我们假装自己是海草。我的脚紧贴海底，我们处在强大的水流中。对你的身体负责，让水流移动你的身体、手臂和头部。你能感觉到自己的身体在摆动吗？当你随着水流摆动的时候，你能感觉到自己身体不同部位的伸展和释放吗？

现在这股水流慢了一点儿。随着水流速度的降低，你动作的幅度也应变得小一点。你能将善意和好奇心带入你正在思考和感知的事情吗？你感到尴尬还是兴奋（充满活力）呢？你正在想"啊，摆动自己身体的感觉真好，"还是"这太傻了"？你想要戏耍或捉弄你的邻居吗？你能留意到这种意愿（渴望）但并没有做出来吗？

现在水流更慢了。让你的动作幅度再小一点儿……留意注意力的去向。是在你的身体里、动作里还是在其他地方呢？如果你发现你的注意力在其他地方，慢慢地把它带回你的身体和动作上。

现在水流停止了。让你的身体也静止吧……当你静止时注意到了什么？你能感觉到自己的呼吸吗？……在摆动你身体几分钟之后你的身体、思维和内心感觉是怎么样的？

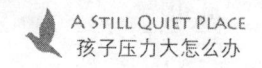

呼吸练习：宝石或放松（所有年龄）

从这里你可以无缝衔接到呼吸练习。可以对你在第一节课中提到的练习进行创新，做出新的一个版本。当练习开始时，你可能会注意到思维会从呼吸上游离，这是正常的。练习的核心是一次又一次地将注意力放回到呼吸上。

愉快时间练习与讨论（所有年龄）

这项练习鼓励参与者将注意力集中于日常生活中的细节与琐事上。最适用于 8 到 18 岁的儿童或青少年。对于年龄更小一点的儿童，你可以省掉这项练习。如果你选择将这项练习提供给 4 到 7 岁的儿童，你可以让他们回忆最近几天愉快的事情或简单的快乐时刻再画出一幅画。然后帮助他们完成一个简短的口头回忆（或许和一个伙伴一起），回忆他们在经历此事时的思维（想法）、内心（情绪）及身体（身体感知）上所发生的变化。

对于年龄稍大的参与者，你可以用愉快事件漫画的形式，网址为 http://www.newharbinger.com/27572，让参与者回忆最近几天的愉快事件，提醒他们尽管电视和广告对愉快事件有着独特的定义，但愉快事件其实都很简单：抚摸你的猫，和朋友一起大笑，解开一道数学难题，唱自己最喜欢的歌曲，吃一顿美味的小吃，在一个寒冷的早上步行去学校等等。在他们回忆起一件愉快的事情之后，他们可以用与事件有关的思想填充思想气泡，相关情感填充情感气泡，与事件有关的身体感知填充身体气泡。在他们画着卡通漫画的时候，你可以在房间内走动，观察那些看似有困惑的学生。鼓励他们回想5种感知，他们的面部表情（可能是微笑？），他们的身体感觉如何，或许他们回想事件的时候重新感到了喜悦之情。

一些学生可能认为他们没有经历愉快的事情。在尊重生活环境的同时，平稳地改变自己的想法。在课堂上，他们丰衣足食、安全无虞、有人细心照料。但不要忘了，在很多低收入家庭中很多儿童正在遭受饥饿、不被重视甚或境遇更糟。为了帮助学生发现他们生活中愉快的事情，你可以这样说：

"你们中可能有人会想不起来一件愉快的事情。如我之前提到的那样，电视和广告让我们相信快乐时光是一个大事件，比如得到一份特殊的礼物，参加了一场振奋人心的晚会或度过一次非常好的假期。但在这次练习中，回想一些小的事情。你听到一首好听的新歌或一个有趣的笑话了吗？当你走进教室时你能感受到闪耀的阳光或拂过你面庞的微风了吗？你看到走廊内的一个朋友了吗？几分钟之前我们所做的正念呼吸有意思吗？

在学生们完成他们的卡通画后，让他们分享自己经历过的

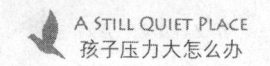

愉快事情，以及他们在卡通画气泡中描绘的想法、情绪及身体感知。当他们分享时，做出一些简短的评论，以此来传授正念原则。对于一个四年级学生，对话可以是下面这个样子的：

学生：让我感到愉快的事情就是和我的猫在一起。我感到开心。我的身体放松了。

指导者：放松的感觉是怎样的呢？

学生：温暖……舒适

指导者：关于这一事件你还有其他想法吗？

学生：感觉很好。

指导者：有意思。通常，当某些事情让人感到快乐的时候，我们的注意力是停留在当时当地的，我们的想法也会非常简单，比如"感觉很好。"你看到、听到、品尝到、嗅到或触碰到了什么？

学生：我感觉到柔软的毛，我听到"喵喵"声。

指导者：当时你脸上是什么表情？

学生：微笑。

指导者：那现在呢？

学生：微笑！

经过一段时间的练习，愉快事件的正念练习会为接下来的感恩练习奠定坚实的基础。正式的感恩练习相对简单：让学生回想自己想要感恩的事情，静静地一个人回想，然后和一个搭档一起，把他们画下来或写下来。再强调一次，让他们想一些"小的事情"，但其实是被我们忽视的大问题，比如：呼吸、衣服、流动的水、聆听的能力，这些事情都是很有趣的。将训练、练习和讨论全部包括在一节课中可能会感受到巨大的压力，尤其是当你第一次开始教授课程时。当你已经对材料很熟悉了，就会轻松一点。有时，当你感到更舒服的时候——或者如果在工作场所中能够频繁地看到儿童，或者课程时长超过了8节课——你就很容易能把正式的感恩练习包括其中。

家庭练习回顾（所有年龄）

记得在课程的最后部分留出时间来大声阅读下一周家庭练习的内容。鼓励参与者做录音练习，提醒他们最佳的练习次数。最理想的是，这样的温柔鼓动不会让你带有负罪感或不愉快。

向学生解释下周的家庭练习中有一部分内容就是留意一周内发生的令人感到愉快的事情，不管大小都可以。这节课的家庭练习包括正念穿鞋的非正式练习，你可以像下面描述的那样进行展示：

当我们进行正念穿鞋练习时，把我们所有的注意力集中在

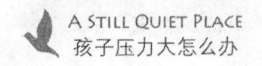

穿鞋的过程上，就和我们做正念刷牙练习一样。感知你弯腰触碰到第一只鞋的动作；感知你把脚穿进鞋子里的动作。如果你已经穿进去了，感知脚趾蠕动到正确位置的动作。如果你的鞋子有尼龙搭扣或鞋带，感知尼龙搭扣或鞋带就在你的手上，感知为了拉上尼龙拉扣或系上鞋带你手上的动作。然后，当然也要将同样的注意力放到另一只鞋上。

回答一些参与者在家庭练习方面可能会出现的问题。

结束正念听力练习（所有年龄）

结束时，让一个或两个参与度很高的学生来敲响最后听力练习的铃声。

家庭练习——第2课

正念是真实的。

当下就是我们生活的地方。

听"安静的一角"练习的音频，网址为 www.newharbinger.com/27831（宝石或放松练习）一天至少一次。

日常生活中的正念练习

◎ 留意一周内的愉快事件，大的小的。看你是否能注意到快乐感，以及与之相连的思想、情绪和身体的感知。

◎ 正念穿鞋

带着善意和好奇心，没有内疚，记录家庭练习日志。

如果你有想要分享的正念时刻、问题或困难，或者如果你下一节课无法参加，可以给我打电话或发邮件。

六
第3课　思想观察和非友善思维

目的

本节课的一个常规目的就是继续帮助参与者开展日常练习。新的目的是培养参与者观察思想的能力，尤其是要观察在充满挑战的情景中出现的思想，以及观察我们频繁出现的批判性内部对话的能力——我们戏称为"非友善思维"。就如下文提到的，为了实现这些目的，著名的"九点"练习会给练习者提供一个直接的实时体验。

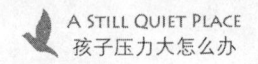

概述：训练、练习和讨论

☆ 正念听力练习

☆ 正念饮食练习

☆ 偏好讨论

☆ 家庭练习回顾

☆ 圆圈运动练习

☆ 思想正念练习：肥皂泡 或思想观察

☆ 思想观察讨论

☆ 发现不友善思维

☆ "九点"练习及讨论

☆ 朗读材料：布莱恩·德斯帕德的《你非你所想》)

☆ 家庭练习回顾

☆ 结束课程的正念听力练习

正念听力和正念饮食练习（所有年龄）

当参与者与其他人或同学相处得更加融洽时，在课程开始之前可以安排更加随意的对话。与平常一样，先进行正念听力练习，让一位参与者放出声音，之后再进入正念饮食练习。

偏好讨论（所有年龄）

关于这一点，学生们期望得到零食，并对偏好的表达不再感到害羞："是的！还是苹果"或"咦！我不喜欢无花果酥。"对于年龄偏小的儿童，用一个简单的评论或问题就可以将正念的善意和好奇心带到此刻。"这是一个新的苹果和新的时刻。"或"你通常是怎么去应对自己不喜欢的事情的？"在简单地回复这些评论之后，你可以建议他们安静地进食。

对于年龄稍大的儿童和青少年，你可以用之前的评论来持续探究他们内心期望的、想要的（渴望的）和不想要的（厌恶的）东西。下面是一则对话。

我：太多的不愉快与沮丧都是因为我们想要让事情（我们自己，其他人及环境）变得不同，想要我们没有的东西（比如橘子）或想要减少我们已经拥有的东西（比如苹果）。如果我们能接受事情（我们自己、他人、环境）的本来面目的话，生活会变得怎样？

参与者1：压力少了？

参与者2：更轻松。

我：接受这些现状的话，听起来感觉怎么样呢？

参与者3：好吧，贝基说，"我真的不喜欢苹果，但我可

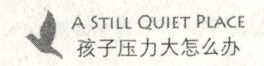

以尝一下。"

参与者 4：或者你可以说，"我真的不喜欢苹果，所以我就不吃了。"

我：如果你那样说的话，你会是什么感觉？

参与者 1：我不知道。

我：为什么下次你不试着让事情保持本来的面目呢？你可以在尝试后向我报告具体情况。

对于儿童和青少年来说，你可能需要说明：这种接受并不是意味着我们喜欢事物的本来面目或者意味着我们不会采取行动。更确切地说，当看到事情的本来面目之后，我们就更加易于做出明智的行为。在接下来的课程中我们仍会提出这个话题并进行讨论。

家庭练习回顾（6 到 18 岁）

你可以接着上一节课的内容，让学生们谈一下他们是否一直都在做家庭练习，以及他们的发现。继续从那些设法找时间练习和那些练习时遇到困难的人们身上征求评论，这一点尤其重要。你可能想要问他们究竟遇到了什么障碍，是因为忘记了，要做家庭作业，上网，刷 facebook、看电视还是做课外活动，或者要做其他事情？通常一个儿童会很自然地说他很忙，我们可以借此机会来探究我们文化中的节奏。请记住，与成年人 30 到 35 分钟的练习不同，该项目中大部分的练习都是很短的：仅仅 4 到 7 分钟。所以我们只需要他们从一天中抽出几分钟的时间用来练习，对自己注以善意的关注，并把它当作一种礼物。对于那些很难抽出练习时间的人，提醒他们所谓正念就是留意到自己分心、不安和烦躁的情绪，做到这一点就足够了。鼓励他们坚持练习并且记住，如同苹果练习那样，他们能将正念善意与好奇的注意力带到家庭练习的过程中，不管是做还是不做。这是一种巧妙的方法，甚至当他们"不在练习"的时候也能练习正念。

鼓励家庭练习

为了鼓励参与者进行家庭练习，你可能需要分享你作为一个普通成年人进行家庭练习的体验：几乎我认识的每一个成年人在学习了正念之后都希望在他年轻的时候就已经接触了这种练习。在之前的课堂上，我有一个非常棒的助手，梅甘·考恩，如今是正念学校的项目负责人。在这次课堂上，梅甘告诉孩子们，"你们是非常幸运的。当我 20 岁学习这些练习的时候，我的那些 50、60 多岁的老师们都希望自己在 20 岁就能学到那些练习。当我 20 多岁学习到这些练习内容时，我希望自己在 10 岁的时

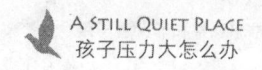

候就可以学到。所以你们是幸运的,能在你们 10 岁的时候就能学到这些练习。"

解决抱怨练习无聊的问题

孩子们可能会抱怨家庭练习或课堂上的练习很无聊。有一套基于环境的应对措施是很有用的。下面,我总结出了几个可行的方法。你要一边鼓励参与者按部就班地进行练习,同时又要弄清楚他们练习的习惯与模式,要二者兼顾。

对于这种抱怨,你可以这样说:

它一定是不同寻常的。在我们的文化中,几乎每一件事都在教我们把注意力集中在外部世界,想让每一次的体验都是全新的、快速的、令人振奋的。在课堂上,我们要学习把注意力集中在自己的内心世界,让自己在此刻慢下来、平静下来。我很理解你们觉得它很无聊的心情。在某个时间点,你会真正地享受这些练习,可能你会感到惊讶。但是不要只停留在我的语言上,要看实际的效果。在接下来的几周里,尝试一下,体验一下,然后自己再做决定。在本周,对于所有认为练习很无聊的人们,看看能否在呼吸模式或思维方式上有新的发现,然后报告给我。现在开始,在我说完之后,留意你们现在正在思考的内容。(微笑)

第 3 课 思想观察和非友善思维

除此之外,当参与者说练习枯燥的时候,你可以选择改变练习的内容以赢回他们的注意力。你可以向浮动的气泡和纸风车吹气;把鹅卵石从这一堆移动到那一堆;或者轮流触碰小拇指、无名指、中指、食指,轮到大拇指时呼气。你可以展开充满活力的动作练习,或者在呼吸练习之前进行动作练习。你可以向他们发出挑战,看他们能否把注意力集中在持续1、2或3分钟的呼吸练习中。

你在尽力帮助他们进行练习的同时找到他们厌倦练习的原因。为了找到原因,你可以提出这样的问题,如"生活中,你何时何地会感到厌倦?""当你感到厌倦时,发生了什么?""它有时给你带来麻烦了吗?""你能像感受吸气开始那样感受到无聊感的开端吗?"

你也可以让孩子们了解到(至少在一开始)很多成年人也发现正念练习无聊、困难或又无聊又困难。你可以列举一些事例,这些事例来自你的个人生活或者与成年人分享正念的经历中。然后,不要"过度营销",分享几则报纸趣闻,都是有关你自己或者学习正念的年轻人是如何发现正念练习是有益的。尽力鼓励他们做完完整时长的练习,这样他们就能发现正念练习是否会在日常生活中帮到他们。请注意;鼓励与"应该"或"愧疚"之间存在一条清晰的界限。

儿童和青少年经常对练习正念的名人很感兴趣。目前,对

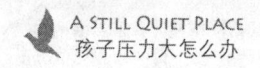

于我来说最吸引人的实例就是我在门罗阿瑟顿高中与十年级英语辅导班同学分享正念的经历。根据《纽约时报》的文章,当时的门罗阿瑟顿是全国经济社会状况最为多样化的一所学校。我的小朋友们都是英语辅导班九年级的学生,他们的同班同学有些已经该上常规班十年级了。我练习的学生还要留在辅导班继续上十年级。不幸的是,在 11 或 12 年级时,辅导班就会被取消,这很让人震惊。因此,校长让我对这些儿童进行辅导,因为他认为这些儿童有掉队、挂科和被开除的危险。同样的事情也曾发生在旧金山巨人队赢得世界职业棒球大赛冠军的那一年。当队员们戴着灰色帽子橘色衬衫进场时,发给每人一篇蒂姆·林瑟肯这位巨人队的投手是如何运用正念的文章,这种方法的效果非常好。(凯特曼在 2010 年的文章提到这一点)这不仅会吸引更多的曾经不情愿的学生开始想正念既有用也很酷,而且也让他们明白——那也是一件了不起的事情。

在查明了认为正念无聊的原因及正念在他们日常生活中潜在的价值之后,在开展一些正念运动之前,请简短的询问他们正念穿鞋的经历。

你们中有人记得正念穿鞋吗?……当时你注意到了什么?

如果你忘记了,你认为你忘掉了什么?……是的,冲动和习惯是我们生活中的巨大力量,我们经常没有思考就开始行动。

有时候这样做是有帮助的,就像退回到马路边躲避车辆。其他习惯就不会这么有用了,比如重复了一遍又一遍的辩论。

圆圈运动练习(所有年龄)

在关于家庭练习的讨论之后,评价学生是否已经做好准备能够做相对静止的练习或是否先做一项动作练习会对他们更好。如果他们的行为表明一些运动练习对他们是有益的,就让他们围成一个圆圈站立。解释每一个人将会参加一项"默声"的正念运动:第一个同学将会做出一个简单、安全并让她感觉舒适的礼节性动作,——比如跳跃、伸展、转动或扭动。然后组内的其他人将会模仿这一动作。之后,她会优雅地向旁边的人伸出手做出一个"这边请"的姿势。第二个人可能会做出一个不同的、礼节性的动作。在全部组员模仿之后,第二个人将会向他旁边的人做出"这边请"的动作。选一个同学打头。让每一个人都引导一个动作。当小组开始做运动的时候,鼓励学生留意他们的想法和情绪——如自豪、尴尬、评判或比较。空无的想法会给课程引入肥皂泡练习与思想观察提供契机。

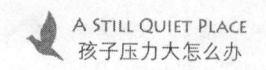

正念思想练习：肥皂泡或思想观察（所有年龄）

有一个很少被提及但经常让人感到恼怒的问题"你正在想什么？！"大多数儿童、青少年、甚至成年人都没有观察思考过程的机会，更不用说方法了。在没有元认知选择的情况下，很多人自动地根据自己都不是很清楚的想法开展行动，这通常会对他们自己和他人造成伤害。因此，要给孩子们提供观察思想的机会，向他们介绍一些简单的方法，这会很有帮助。下面我会介绍两种把正念带入思想的练习方法：一种适用于所有年龄的儿童，一种是适用于吞世代的孩子及年龄更大的儿童。适用于所有年龄段的思想观察练习的音频可在 www.newharbinger.com/27572 下载。

肥皂泡练习（所有年龄）

在肥皂泡练习中，给每一个人分发一个装有肥皂泡的微小容器。这些容器都不贵，可以在网上或打折店里买到。对于最年幼的儿童，你应该提前打开容器去掉金属片。刚开始，要鼓励参与者吹一个简单的气泡，然后观察。有些气泡会爆裂，有些会飘动，有些会往下掉，这些气泡形状有大有小，飘动的速度有快有慢。

对气泡观察 3 到 4 分钟之后，让他们把吹气泡的工具放回到容器内，关上容器，放到一边。然后让孩子们思考下面的问题。

这气泡像不像我们体验过的什么事情呢？它就在我们的思维里？……（这可以作为一种提示）"我们把连环画人物上方那个东西叫什么？"（如果必要的话，可以提供答案。）"思想气泡。"

"你能描述一下思想和气泡相似的地方吗？"（我们能看到思想和气泡都具有形状，有些思想或气泡是大的，有些是小的，有些移动的很快，有些移动的很慢，思想或气泡都会随着其他的思想或气泡下沉，最终所有的思想和气泡都会爆裂。）

"通过练习我们能学着去观察我们的思想气泡。有没有人能告诉我在最后十分钟里留意到的思想气泡吗？""什么时候吃午餐？""我讨厌家庭作业。""快点到周末吧。"

对于年纪稍小的儿童，无须采取行动简单介绍一下就足够了。

思想观察练习（10岁到18岁）

让参与者坐在椅子上或躺在地板上，指导他们将注意力放在呼吸上。然后引导他们开始观察自己的思想，就像观看一场

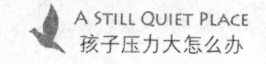

游行那样。他们可能会注意到某些思想声音很大，穿着靓丽，有些却非常害羞，隐藏在背景中，还有一些来来回回好多次。1到2分钟过后，让他们看自己是否正在随着游行队伍往前行——换句话说，就是迷失在自己的思想中。当出现这种情况的时候，指导他们把注意力拉回到呼吸上，让自己回到人行道上，然后当注意力变得平稳后，再次开始观看思想的游行队伍经过。这项练习可在 www.newharbinger.com/27831 找到。

思想观察练习（6到18岁）

气泡和思想观察练习就是观察思想过程与内容的重要练习。气泡练习中对简单问题的拓展能够帮助6岁及以上的参与者意识到他们的思想会有来有去。和年纪稍大的儿童做思想观察练习为讨论某些问题提供了契机，这些问题包括一些想法如何一次又一次的出现？一些想法如何成为普遍共有的想法而非个人私有的？一些想法是如何经常不准确的？一个想法又是如何引发一连串的思想和情感的？

谁愿意分享一下你注意到的最后一个思想？有人的思想会重复出现吗？你的思想有模式吗？思想长久吗？是否有人注意到有时一个思想会导致其他思想或情感的产生？你们可以给我

举一个例子吗？

（学生可能会说"我需要记住我的数学书。是的，我要阅读。啊，我的家庭作业这么多。"）

你们的思想中有多少与丽贝卡刚刚分享的相似？我们大多数人都会有一些相似的思想，这难道没有意思吗？了解到我们并不孤独这个事实难道不是很好的？你们中有人的思想是不准确或不真实的吗？，比如"我忘带图书馆的书了，"而事实是你带了？你的思想中有多少是友善的？多少是不友善的？

最后一个问题能引发对非友善思维的探究

遇见非友善思维（所有年龄）

非友善思维是我对所有消极内部对话的一个总称。它是思维的一个子集，不断出现。非友善思维是评判的、专横和暴躁的。它说出的话就像这样"我做不了这个，""我好笨"，或"我要失败了"。这样的声音通过夸张夸大、扭曲事实让事情显得比原本的样子更糟。——还有"这不可能"，"所有人都讨厌我"，"我很丑"，"我讨厌所有人"。非友善思维经常评判其他人或环境，比如"他是个怪人""说话口齿不清"。

"你的思想中有多少是友善的？有多少是不友善的？"这

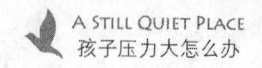

些问题从上面思想观察的讨论中得出，是进入非友善思维话题的一个很好的切入口。当你第一次介绍非友善思维时，或者面向年龄稍小的儿童时，提供一些上面提到的或从学生评论中提取的短小事例就足够了。对于年纪稍大的儿童，非友善的概念可以在整个课程中扩展开来。

当和年轻人一起工作时，把讨论内容和他们的兴趣或所关心的事情联系起来是很重要的。在某些事例中，我们的年轻人非常直率，很容易直接对他们的思想进行直接的探索。然而，有时我们年轻的朋友是非常含蓄的，会通过沉默、转动眼珠，或者其他肢体语言来表达他们无意识的思想。如果你善于观察的话，就能懂得他们没有说出的话，你还会有很多机会去调整教学内容以适应参与者的需求。下面的两幅插图表明了这一过程。

"比赛中的头脑"

下面是一则与一组五年级学生就思想观察讨论的事例。一天早上，课堂上正在进行正念观察练习，班上大部分男孩都对正念持怀疑态度，男孩们脑中的大部分思想都和他们下午要打的那场篮球比赛相关。之前的比赛他们失利了，现在他们要对抗的是一支实力在他们之上的球队。他们中的很多人都担心输掉比赛，担心表现差劲，让他们的队友失望。他们想要赢。

第 3 课　思想观察和非友善思维

在我们之前的课程中,有一个男孩在不断努力成为"很酷炫""很风趣"的人(但是并不会得到尊重),也很少参与课程。有一部分的五年级男生都是这样。我问他,"如果你们正在思考胜利和失败,还有比赛的结果,你们就真的会置身在比赛中吗?它就是此时此地正在发生的事情吗?"他的眼睛瞪得很大,嘴巴也长大了。他"加入"了,从此和正念有了联系。我还向同学们讲述了职业篮球史上最成功的两支球队——洛杉矶湖人队和芝加哥公牛队。两个球队的队员都运用正念技巧将他们的注意力放在打比赛上——篮球、篮筐、队友和他们的对手。(请注意当你读到这一信息时,对于大部分儿童来说这些参考材料是陈旧的,所以你需要找一些更新的事例。)

在"我……,为什么?"之外

当帮助年轻人——尤其是青少年——探索他们的思想时,为了使他们的思想更具人情化,了解到他们内心深处没有说出的事情会很有帮助,他们有可能误以为那些事情是他们所独有的。还记得我那些英语辅导班十年级的朋友吗?有一天当我用一项思想观察联系指导他们的时候,两个年轻的女子一边聊天一边修理她们的指甲。在我指导练习的时候,我走下讲台,最后站在她们的课桌旁。我继续指导练习,并说"请注意你的思想。例如,你可能正想着自己的家庭作业或周末计划,或者可能正

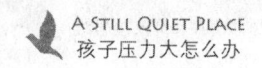

在想"为什么老师会站到我旁边?"她们停止了聊天。

练习之后,更加直率且参与度很低的年轻女子不可置信地问:"你能读懂人的思想吗?"我回答,"不,并不能。但我也有思想,并且和你的很像。我已经花了很多时间来关注我的思想,所以我才能知道你在想什么。"我猜到了学生乐意分享的事情之外的那些东西,从而说中了她的想法,增加了她对正念的好奇心,增强了她参与正念练习的意愿。

九点练习和讨论(8 到 18 岁)

"九点"练习对更进一步探究思维习惯是非常有用的工具,有很多好处。向同学们分发九点难题(在本章的末尾),然后大声阅读——或者让参与者阅读——表示方位的词汇。当孩子们试着解开难题时,在教室内走动,偶尔给出一些评论。"当你正在试着挑战一些新的事情时,你是如何与自己交流的?""你的自言自语是友善的还是非友善的?是有益的还是能鼓舞人心?""你是想退出、作弊还是不断尝试?""做这项练习的过程中,你的做法和其他解决困难的方法类似还是不同?"

当你回答这些问题的时候请保持警醒,比如"这么做对吗?"我总是会重申指导说明:"指导说明提示有四条直线。""你没有中间的点。"尽力避免说"不,那样不对。"年轻人经常听到这样的话。当年轻人给出自己认为最好的答案时,在展示解决问题的不同方法之前,你还可以做下列事情。

鼓励他们思考自己的内部对话有多少是友善的:当我们正在做一些新鲜的或具有挑战性的事情时,友好的自我对话又是什么样子的?举一些例子。

很多学生都把注意力集中到寻找正确答案上面——要么很容易就得到了正确答案,要么就是没有得到正确答案。要让他们知道练习的目的不是要得到正确答案。这通常会引起他们的注意,因为他们在学校的大部分时间里都在为了得到正确答案而努力。也要提醒他们有些事情对于别人来说很容易,可能对于他们来说并不那么容易。

当他们面对日常生活中各种具有代表性的困难时,如学校功课繁多,或与朋友意见不合,让他们用各种各样自己能够想到的方法进行头脑风暴。帮助他们认识到解决问题的方法有很多,大部分方法都有确切的时间和地点限制。当我们选择的时候要运用智慧,选择当时我们能想出的最好的办法:放弃,休息一下,再试一次,合作,寻求帮助,在网上寻找答案,继续尝试……

讨论解决办法的时候需要"跳出条条框框。"从这个想法拓展开来,讨论我们的思想(我们的非友善思维)通常把人们(我们自己和他人)和事件限制在条条框框内。比如这样的想法"我

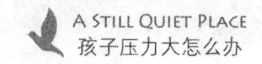

不擅长运动,""她很刻薄,""这节课好无聊。"或许你能停在这里,想一想那些被放进条条框框中的学生、客户或儿童,比如这样的看法"她极度活跃,"或"他太懒。"下周的课程内容就是找到某一个时刻,无论长短,在那一刻,孩子的行为是在你的条条框框之外。

家庭练习回顾(所有年龄)

一如往常,以家庭练习的回顾结束课程。与本周的课程重点保持同步,指导性音频练习的内容和思想观察有关。要鼓励参与者做真正的录音练习,并留意到一周内所有的非友善思维。

家庭练习也包括正念饮食的日常生活练习。鼓励参与者将正念觉知带入到食物种类及数量的选择上。他们可能想要吃一些自认为真正喜欢的东西,或一些他们自认为不喜欢的东西。

结束正念听力练习(所有年龄)

选一或两个参与度高的学生去敲响最后听力练习的铃声结束本次课程。

家庭练习——第3课

正念是有趣的。

它让我们探索自己的内部和外部世界。

听气泡或思想观察,一天至少一次。

在日常生活中做正念练习

◎ 注意非友善思维出现的时间。它通常会说什么?

◎ 用正念的方法饮食

带着善意和好奇心,不带愧疚,填写家庭练习日志。

如果你有想要分享的正念时刻、问题或困难,或者如果你无法参加下次课程,请给我打电话或发短信。

九点难题

下面是九点的布局。

通过四条直线将所有的点连接起来而不要将你的笔离开纸,直线不要折回但可以交叉。

A STILL QUIET PLACE
孩子压力大怎么办

• • •

• • •

• • •

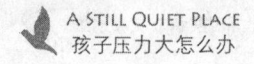

　　下面是对九点难题最普遍的解法。从左上点开始，移动到左下点，通过中下方的点沿着斜对角线到右侧，越过中间右侧点与右侧最高点连接，回到左侧最高点，沿对角线到达右侧底部点。扩展更多的可能性，指出解决办法实际上有四种变化——从每一个角开始——或不止有一个"正确"答案。

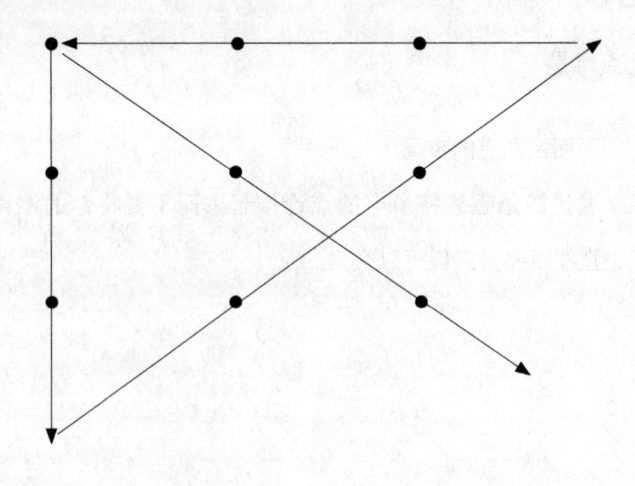

七
第4课 情感与不愉快经历

目的

本课有三个主要目的。第一个是回顾参与者在气泡练习和思想观察的体验。这一回顾自然引导出第二个目的,探知与不愉快事件相关的思想和情感,及讨论由于抗拒或想要之物和期望不同时你的沮丧程度。有个等式即"痛苦 = 疼痛 × 抗拒"是介绍和接受这一概念的最好方式。这节课的第三部分是情感练习,将会帮助学生发展情商或者我对年轻朋友所说的那样,"支配情感而非让情感左右自己"的能力。这节课的最后部分是一次对课程中点的讨论。

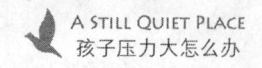

概述：练习，练习和讨论

☆ 正念听力练习

☆ 正念饮食练习

☆ 家庭练习回顾

☆ 不愉快事情练习与讨论

☆ 痛苦 = 疼痛 x 抗拒讨论

☆ 非友善思维回顾与讨论

☆ 正念舞会

☆ 手指瑜伽练习 与讨论

☆ 正念情感练习

☆ 情感绘画和俳句练习及讨论

☆ 朗读材料：苏斯博士的《我的多彩日子》

☆ 中点讨论

☆ 家庭练习回顾

☆ 结束正念听力练习

正念听力与正念饮食练习（所有年龄）

再一次，以正念听力与饮食开始。虽然我带哪种小吃取决于它是否可以轻易买得到，有时我也会有目的地选择带一些不同的小吃或再次带着同样种类的小吃。例如第四章提到的粉状橘子，我故意在接下来的几周带了同样的橘子来表达无常或事情总在变化的概念。幸运的是，第二批橘子很好吃。

当学生们对这些练习感到更加熟悉之后，你继续鼓励他们把注意力放在这个声音、苹果、这一口、这个体验，这一点很重要。通常一段简短的旁白最好了。偶尔你可能想要清晰表达这个观点：

作为人类，当我们认为对某件事情很熟悉了——正念饮食，正念听力，我们去上学的路，我们最好的朋友或父母将会说什么（我们有时会不理）。然后当我们错过正在发生的事情——苹果、声音、走路的体验，我们朋友或父母实际说的话，我们的生活……

家庭练习回顾（所有年龄）

做完正念饮食练习之后，询问参与者的家庭练习情况（即气泡或思想观察及注意非友善思维的练习）。讨论的层次取决于小组成员的年龄。对于年纪稍小的儿童，你只需要用到下面的前几个提示。对于年龄稍大的儿童，尽管所有的问题都值得问他，但你随后可以再回到这些主题上，不需要一口气就给出所有的提示。与之前的要求一样，你需要调整提示内容，让提

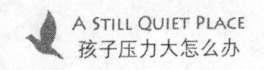

示和那组人或那个人的情况相符。

☆ 你留意到什么思想？
☆ 当思想来去的时候你能注意到吗？
☆ 你的思想是友善的吗？
☆ 你知道很多儿童（青少年）有相似的想法、愿望和恐惧吗？
☆ 你的思想有任何的模式吗？
☆ 你的思想是真实的吗？
☆ 你相信你的思想吗？
☆ 你觉得你的思想是个人的事情吗？
☆ 你是否能留意到思想、情感与身体的感知以及它们是如何相连的？

即使课上预留了讨论正念饮食的时间，但参与者是否在家里做练习，又是如何做的，了解这些内容既有趣又有益处。你会这样问"当你们在做正念饮食练习的时候清楚自己的想法吗？"，用这种方法你可能就将饮食练习与思想观察联系在了一起。

不愉快事件的练习和讨论（6 岁至 18 岁）

为了转向不愉快事件的练习，你可能要以参与者在课程、饮食练习或家庭练习回顾开始时的闲聊做基础。第二节课中的愉快事情练习对于 8 至 18 岁的儿童最适用，对于年龄稍小的儿童你可以不采用。如果你选择把这个练习介绍给 4 至 7 岁的儿童，请尽量让练习内容简洁、容易和有趣。只请他们画一张在过去几天中不愉快事情的图片就可以了。然后帮助他们简单地口头回忆事情发生时，他们的思维（思想）、内心（情感），及身体（身体感知）发生的变化。我们也可以采取更好的办法，即和他们一起唱首歌，要选择好的曲目，即我的亲爱朋友及同事贝琪·罗丝的专辑《冷静摇摆》中的《我在呼吸》。这首歌的 CD 版本在 iTunes 和亚马逊上均可购买。

对于年龄稍大的参与者，你可以引导他们回忆起一件不愉快的事情，并完成以下网址上的图画，即 http://www.newharbinger.com/27572。向他们发分漫画的模板，并用下面的方法指导他们。

慢慢地深呼吸几次，让自己平静下来。当你做好准备的时候，将过去几周中所发生的一件不愉快的事情带入你的思绪中。或许当我这样说的时候，一件事情马上就会出现在你的脑海中；

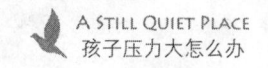

或许没有。对于你们这个年龄的儿童，不愉快的事情通常就像这样：做家庭作业的时候遇到困难；和朋友或家人出现意见分歧；装着你所有东西的双肩包丢了；考试没考好；输掉了一场篮球比赛。可能某些人有更大的（更严重的）不愉快的事情。在练习的过程中，你可以寻找自己记得的事情，或者如果你愿意，可以选择一件相对较小（不太严重的）事情。

在你已经选择了一件不愉快事情后，花点儿时间回忆一下在事件过程中你的想法……看一下你能记得多少特殊的想法……结束后再回忆事件过程中你的感受……或许只有一种感受；或许有许多种感受……现在看一下你能否回忆起在事情发生时，你身体的反应……你的姿势是怎样的？……你的面部表情是什么？……你身体内部的感觉是怎么样的？……

在属于你自己的时间里，睁开你的眼睛，开始将思想、情感、和身体感觉添加到卡通漫画中。如果你愿意的话，可以把自己的想法、情感和身体感知画出来。

当参与者完成漫画后，在房间内走动，你可以给出一个评语，或将手放在学生的肩膀上，有些学生可能会从中获益。

参与者完成他们的漫画之后，鼓励他们分享不愉快的事情，及与之相关的想法、情感和身体感知。对于出现在本书中的一些讨论，组织形式可以是两人一组，或划分成几个小组，或者让所有同学共同讨论。如果你的授课对象是一个人，一个简单的分享对话就可以了。下面是课后课程中与一个四年级女孩的对话。

我：好，安琪拉。那件事让你不开心了？

安琪拉：我想和朋友们出去玩，但妈妈让我先去打扫房间。

我：好的，当你想做一件事，却又做不了的时候，你就会觉得不开心。你当时是怎么想的？

安琪拉：我讨厌我的妈妈。她太小气了。她从来不让我做我想要做的。她这样不公平。

我：这是非常好的一种正念：你注意到了很多想法。你当时的感受是什么？

安琪拉：我感到愤怒和悲伤。

我：还有呢？

安琪拉：嗯……实际上，我也是对自己生气。因为我妈妈之前曾告诉我要打扫房间，但我忘记了。

我：这也是非常好的正念。有时我们很容易对别人生气，却很难选择对自己负责任。当所有的想法和情感在你的体内翻滚时，你的身体感觉怎么样？

安琪拉：呃……我的胳膊和手有点紧张，我的面部表情有点扭曲和狰狞。

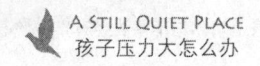

我：安琪拉，谢谢你勇敢地分享自己的经历。还有人想要分享下不愉快的事情吗？

　　在这之后，你可以提出进行一次"空体验"活动的建议。比如，不得不打扫你的房间；长时间开车；解开数学难题以及争论等等。然后我们会把思想和情感添加到这些经历中："我讨厌开车""我解不开这个难题，我很笨""她从来不听我的，"，甚或"这个神经病的老师都不知道她在说什么"（微笑）。下面的讨论为更进一步探究空体验与我们所补充事物之间的不同提供了一个有趣的方法。

痛苦 = 疼痛 x 抗拒讨论（8 到 18 岁）

　　如上文提到的，一件不愉快经历最让人苦恼的部分是处理我们在事件中产生的想法和情感。很多想法和情感都与过去和将来有关。"我妈妈不允许我和朋友玩儿。"变成"我妈妈从不让我和朋友玩儿。""我现在很无聊"扩展成"我将永远无聊下去。"。"我解不开这道题。"演变成"我很笨，我解不开所有的题。"很多消极的想法和情感会让人抗拒事情的本来面目——最简单的说法就是想让事情变得不同。

　　我的朋友兼同事，吉娜·比格尔曾做过严格的科学研究，记录了将正念传授给青少年的益处,她借鉴了来自杨增善的数学等式。

痛苦 = 疼痛 × 抗拒

适合儿童的版本就是

苦恼:不愉快的事 x 想让事情变得不同的意愿

对于这个讨论,痛苦可以解释为苦恼,疼痛则是指不愉快的事情,抗拒是想让事情变得不同的意愿。几乎所有的儿童(8岁及8岁以上)适用于这个等式。如果孩子们因为受到惩罚而感到痛苦(微笑),你可以将此作为一个真实案例或者增加另外的东西去表达相同的观点。

这个等式让儿童们用一个更具体的方式去理解抗拒(想让事情变得不同的意愿)是如何频繁地增加痛苦(苦恼)的。从1到10,共十个等级,10级最痛苦,让参与者对不愉快事件或痛苦的等级进行评估。从1到10,让他们评估自己对不愉快事件的抗拒程度——即你想让事情变得不同的程度。然后,让他们计算痛苦或苦恼的程度。我通常在白板上这样演示,通过参与者提供的两、三个例子完成。我通常把上述等式中的词汇进行互换与结合,说"在你刚刚描述的情景中,从1到10的等级中,它让你痛苦或不愉快的程度是几?"

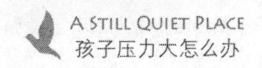

通常你需要解释一下，但不必一直解释，痛苦或不愉快事情的程度是固定的，不能被改变，等式中可以调整的部分是我们想让事情变得不同的渴望程度。例如，没有入选足球队的痛苦或不愉快的等级是 6。思想上抗拒这一结果，比如猜测"选拔过程不公平"，那么抗拒等级就是 6。在这种情况下，痛苦值就是 36。询问同学们，看是否有人能举出一个例子，说明思考方式可以减轻痛苦。"明年我们将继续练习，再次尝试"的想法其抗拒的分数可能为 2，这样就能将痛苦值减小到 12。

下面是一个家庭作业让人感到不愉快的实际例子。

我：好吧。汤米，你的不愉快经历是什么？

汤米：当我做数学作业的时候。

所有人：（呻吟）是的，我也是。

指导者：从 1 到 10，它是哪一级？

汤米：11 级

所有人：是的，至少 11 级。

我：好吧，它可能是 11 级，我相信你的话。我要请你再想一想它是否就真的是 11 级。对于我来说，11 级可能是我的孩子发生了严重的事故，或者我的家被烧了，又或者我爱的人去世了。

汤米：好吧，可能它不是 11 级。或许是 7 级。

我：好吧，7级。对于家庭作业，你怎么想的？你对自己完成家庭作业的能力怎么看？

汤米：我讨厌愚蠢的家庭作业。

所有人：是的！

汤米：我完不成。我很笨。我放弃。

我：你会有什么感觉？

汤米：感到生气，愚蠢，无望。

我：谢谢你如此诚实，你对自己的情感如此清楚。你身体会发生什么现象？

汤米：头痛，感觉有压力。

我：压力在你体内的感觉是怎样的？

汤米：它就像是一种紧张感。

我：将所有元素都考虑进去——你的思想、情感、头痛——1到10个等级，你的抗拒或苦恼等级是多少？

汤米：8级

我：所以你的痛苦等级又是多少？

汤米：7乘以8，是56？

我：现在，假设你无法改变作业的内容，不能像变魔术一样让它消失，它也不会自行消失，那么你如何减轻自己的痛苦？

汤米：减轻我的苦恼？

我：你会怎样做？

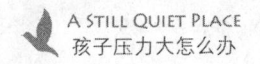

汤米：不再说它很愚蠢，并且回顾自己的笔记内容？

我：那听起来是一个很好的开始！当你这样说的时候，自己体内的感觉怎样？

汤米：不那么紧张了，更好了，很放松。

我：所以如果这个星期内，你们所有把家庭作业当作一件不愉快事情的人先试着减少你们的苦恼（抗拒），然后再回来向我报告。

我发现对于很多儿童来说这个等式是探索疼痛（发生在环境和生活中的事情）和痛苦（我们添加到这些事情中的感受）关系的一个突破口。再次，承认很多参与者正处于严重痛苦的情况中是很重要的，这些情况包括患病，经济困难，遭受监禁或家人离世。在这些情景中，强调他们的经历可能会增加痛苦等级。"那真的很艰难。对我来说，哥哥蹲监狱的痛苦等级可能会是20。让我们花点儿时间把自己维持在安谧平静的状态，并承认这种疼痛……"

除此之外，不要暗示自己想让事情变得不同的想法是不好的或错误的，这一点很重要。而且，只帮助参与者意识到自己想让事情变得不同经常会增加他们的痛苦或苦恼等级。清楚地认识到承认事情的本来面目并不会意味着一定要放弃或不做任何可以改变境遇的事情，这一点也很重要。事实上，通常情况下，

第 4 课　情感与不愉快经历

承认事情的本来面目会让我们对接下来要做的事情做出"好"（明智）的选择——打扫完房间我就可以出去玩了；与足球教练交流得到反馈；复习我的数学笔记。

非友善思维回顾与讨论（8 至 18 岁）

讨论与不愉快经历相关的思想能够引出对非友善思维的简单回顾。通常与不愉快经历相关的思想都是不真实的，且对将来做出预期："这将永远持续下去""我是一个失败者""在休息时间没有人和我玩。"我们感到痛苦是因为自己相信这些思想，并且很介意。一个 6 年级的名叫瑞秋的小学生把非友善思维描述为"我头脑内的八卦。"

有趣的是，一旦小学生和青少年发现他们不必相信自己所有的思想，他们就会产生这样的想法即或许他们无须相信来自同学、教练、老师、父母及连续不断的媒体信息的评判性和非友善的思想。这些灌输给他们的思想是：他们应该成为什么样的人，应该有何种价值观与行为表现，应该穿什么买什么。对于青少年，你可以通过提出下列问题，更加深入地探究这个问题。

☆ 你认为你应该是谁？

☆ 在父母的眼中你应该是谁？

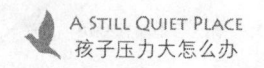

☆ 朋友的眼中你应该是谁？

☆ 老师的眼中你应该是谁？

☆ 文化和媒体告诉你你应该是谁？

☆ 所有这些"应该"和真实的你之间有哪些区别呢？

☆ 你能偶尔想起这些"应该"仅仅只是一些想法，你无需相信它们或感到介意，你能做到这些吗？

总而言之，不友善思维和不愉快事情的话题帮助参与者学会观察自己思考和情感模式的方法，帮助他们开始理解这些模式是如何影响自己的经历的。

正念舞会（所有年龄）

如果学生们开始变得坐立不安，你可以办一次持续2到5分钟的正念舞会。你可以事先在手机里储存一些旋律简单的音乐。

似乎你们中的很多人都感到躁动（坐立不安）。哪一位同学正感觉自己躁动（坐立不安）？感谢你保持正念并坦诚回答我的问题。请起立。请找到一个地方，在那里你能安全扭动自己的身体，不会撞到其他人或物。如果你愿意的话，可以闭上眼睛。如果不愿意的话，可以把视线集中在地板上。此时你将会听到一些声音。让你的身体向那个声音移动。（打开音乐）当你聆听声音并移动身体的时候，看自己能否注意到自己的思想和情感。当你移动时，请注意你是否喜欢这种音乐。请留意你会感到尴尬、酷炫还是介于两者之间。看自己是享受还是抵触移动。聆听、移动、呼吸、留意。当声音变弱的时候，让身体静止……安静地休息……注意你的身体、思想或内心的感觉……当你准备好以后，请安静地坐下来（回到你的座位上）。

手指瑜伽练习与讨论（所有年龄）

一旦所有同学坐好你就可以无缝衔接到手指瑜伽。让学生把他们的左手放在他们的左腿上。轻轻地用右手把左手的第四个手指向后掰。让他们留意到极限所在——即他们必须停止的地方，避免疼痛或受伤。

如果时间允许的话，你可以做一些额外的简单的伸展或瑜伽姿势。例如，站着将双手举过头顶，腕部向左倾斜形成一个弧度，感知伸展的动作……然后让他们重复伸展，向右倾斜……另一个动作就是让他们在背后将手合十，慢慢地把手臂提到齐胸高，感知胸部、肩部和手部的感觉。

你可以简短地升华伸向身体极限的观点，即伸向极限不仅仅在身体上可以做到，精神上与情感上也可以做到。

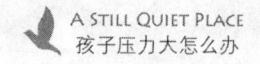

你可以尝试伸展到超越舒适（你的舒适区）的位置，不仅仅是在身体上，而且是在思想和情感上。比如，如果你要做一项极具挑战性的学校作业或者情感上很消沉。你可以试着伸展身体或以轻松的状态进入沮丧或悲伤的情绪中。或许在你感到沮丧或悲伤的时候，可以呼吸三下。对于身体的伸展，意识到何时该停下来，何时释放，何时寻求帮助，是很重要的。我们之后会进一步进行讨论。现在请认识到：带着善意和好奇心我们可以小心地触碰到会深入让我们感到一点不适的事情，这一点认识是很有用的。当我们伸展自己的身体、思想和情感的时候，我们会变得更强壮、更灵活、更平衡。

在下一节课中，我们还会对这个话题进行更加深入的阐述。深入了解不适情感的一种方式是进行情感练习。

正念情感练习（所有年龄）

情感练习目的在于培养情商，对当下的情绪状态或情感状态有着更加清晰的理解。有一个例子可以证明情感练习适用于所有年龄段的学生，这个例子可以在下面这个网址找到，www.newharbinger.com/27831（更多信息请查看本书的结尾部分。）让参与者在一个舒服的位置坐下或躺下，用腹部感受他们的呼吸，在安谧与平静中休息，然后留意出现的任何一种或多种情感。鼓励他们承认某些情感的名字可能会很普通——比如愤怒、高兴、悲伤或兴奋——还有一些的名字不同寻常——如暴怒、活泼、暴躁或空虚。（一个男孩把一种特殊的情感戏称为草药。）告诉他们情感是有层次的，有些小（细微）且含蓄，有些大或有力（强烈），这一点是有帮助的。

在留意到情感之后，建议他们注意一下情感"存在"他们体内的位置：可能坐在胸部，在腹部翻滚，在大拇指处休息。然后鼓励他们留意情感被感知到的感觉，情感在体内的感觉是怎样的。情感是小还是大，重还是轻，柔软还是坚硬，温暖还凉爽，蠕动还是静止？确报自己描述的时候没有暗示某一种状态要优于另外一种。

让他们了解到如果这些指导只是在帮助他们思考而不是要体验这种情感，那么他们可能只需要简单地呼吸，返回去接受情感就可以了。（在向成年人授课时，这项指导经常更为重要，因为我们倾向于立刻思考我们的情感而不是体验。）

有时候，要启发学生去留意或想象情感是否会有颜色——或许是深红色、白蓝色，或亮绿色的……去倾听情感是否有声音，如咯咯笑、呻吟或埋怨……然后建议他们询问情感想要从他们身上得到什么，请注意通常情感想要的东西是很简单的，比如注意力，时间与空间。最终，问他们是否愿意并能够给予情感

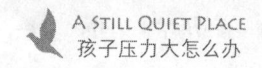

想要的东西。再一次，请在安谧与平静中进行短暂的休息并结束这节课。

情感绘画和俳句：练习和讨论（所有年龄）

在练习结束后，让参与者画出他们的情感或写下关于他们情感的俳句。真正的俳句是在三行内带有 17 个音节的诗，比如第一行有 5 个音节，下一行 7 个，最后一行 5 个。然而，除非是在英语班上，否则我经常会更简单地说："请一口气写下你想要说的话。"这是一个一口气写出的情感俳句的例子，作者是一个名叫史蒂芬的四年级学生："兴奋，美好，棘手。"

在参与者完成他们的俳句或绘画之后，让他们分享一下关于情感他们观察到的事情。保证你说话的内容、声音的语调和肢体语言都传递出对他们真实体验的接受。如果他们没有情感，也可以。如果情感没有颜色或声音，也可以。如果他们感到生气或心碎，那是人生命的一部分。一般来说，这个过程将会让儿童和青少年真切地感受到他们的情感。与很多成年人不同，我们的年轻朋友几乎不会反抗指导或对练习做过多的思考。比如，小孩子甚至是青少年会如实报告自己的情绪是悲伤的。它是深紫色的，会呻吟，需要空间。

内敛瑜伽讨论

参与者有权不参与任何讨论，包括对情感的探索，对于分享活动感到的任何紧张情绪对情感练习来说都可以是一个机会。如上文提到的那样，可以把情感练习与身体瑜伽的拓展活动相联系。例如，对于性格内向的儿童，建议他们扩展到尊重底线的同时分享自己的经历。要提醒他们，和身体伸展一样，他们对待情感（与情感成为朋友）以及分享情感的能力时时刻刻都在变化。他们正在学习接纳情感而非将其忽视或隐藏（压制）或夸大（沉溺）。

在上文中，我曾提到果一个叫埃文的小男孩，他前3节课都背对着教室。在情感练习之后，我问他是否愿意做"谈话式瑜伽"，慢慢地分享他的经历。他同意了，然后回答了下面三个简单的问题。这对他来说简直算是个小小的奇迹。

我：你现在感觉到了什么？

埃文：紧张？

我：在你体内，紧张的感觉是怎样的？

埃文：战战兢兢。

我：这种战战兢兢的紧张有颜色吗？

埃文：橘色。

我：谢谢你勇于分享你的拉伸感受。

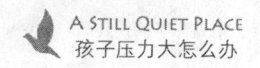

情感对话

情感偶尔会想索取一些儿童不愿或不能给予的东西。或者说让儿童给予情感想要的东西就是不明智的。在这种情况下，发起一个有关情感的对话可能会有帮助。如果你的授课对象是一组人，单独对话可在整组人面前并在其支持下进行，或者更为明智的方式是在课后私下进行。在下面的事例中，恐惧想要掌权。有时候，愤怒让儿童想要"给约翰的脸来一拳"或者悲伤情绪会让一个青少年想到自残。

我的女儿，妮可，曾经对我做出友好的承诺，向我分享一个她和恐惧的对话。这个对话可以作为该项讨论的例子。这个对话发生的背景是他四年级才艺表演前的那个晚上。那天下午的彩排进行得不是很顺利，她表现得"一团糟"。她害怕在全校面前正式演出时会再一次表现得"一团糟"。在进行情感练习的时候，妮可问恐惧它想要从她那里得到什么，恐惧说它想要掌势。

说句题外话，我注意到自己最初的想法是，"等一下，它不能要这个；练习不是这样进行的。情感想要的应该是时间、空间和注意力。"然而，我相信了恐惧的话，问妮可，"你是怎么打算的?"她说，"我不想要它掌权。"我说，"好的，你把自己的想法如实告诉恐惧。"她告诉了它，它说，"好的，我还是想要掌权。"几分钟之后,妮可告诉恐惧,"你可以过来,但你不能掌权。"恐惧同意了这个协议。妮可为了纪念这项协议的签订,她把我母亲送给她的一只小危地马拉忧心玩偶放在自己裙子的口袋里。因此恐惧就消失了,快乐掌权了。

与压倒性情感做朋友

下面的提醒是有用处的:

我们每一个人,儿童和成年人,都有与自己情感交流的(惯常)方式。没有正念的话(询问和洞察),我们绝大多数人都会生活在一个相当狭小的范围内(运用手势)。持续的忽视(压抑)情感,被情感控制(压倒)。你要花点时间思考一下你处理大的(紧张)情感的方法。

对于我们中间经常忽视(压抑)情感的那些人,我们所做的情感练习会帮助他们将善意和好奇心带到情感中(让情感变得更为顺畅)。对于我们中间被情感控制(压倒)的那些人,在做情感练习之前花点儿时间真正地进入到"安静的一角"。通过练习我们能做到"控制情感而不是让情感左右我们"。"控制情感而不是让情感左右我们"的意思是清除我们的情感而非让情感控制我们的行为。我们都知道,当情感控制我们的行为

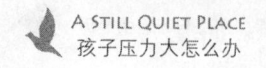

时，我们会做一些自己感觉不是很好的事情，或者做出一些之后会后悔的事情。

无聊之下的情感

如果一个儿童反复地说他很无聊，让他去看看无聊这种状态的底部。通常他会发现悲伤、气愤，或恐惧的情绪。例如，斯坦福儿童-家长组合研究第一组中的一个小男孩李，一直重复地说他很无聊。因为该课程是研究报告的一部分，所以儿童和父母要填写很多文件，但是文件归研究团队所有。在第一堂课上，我让参与者了解到我不会泄露他们在评估中分享的任何信息，如果他们有想让我了解的情况，可以直接告诉我。因为李几次提到他很无聊，我就在课后拜访他（和他的妈妈）。长话短说，事实证明李的妈妈向李隐瞒了一件事，那就是李的爸爸最近有了婚外情，突然出国了。很明显，这些新的信息让我对李的情况有了全新的了解，促使我建议李看一看他无聊情绪的下面是否还有其他情感。如我所料，李发现了气愤、悲伤和困惑。经过一段时间，通过持续的情感练习，李能够承认并表达自己对于他爸爸背叛和离家的复杂、多层次的情感。

当我们在做有关参与者的情感研究工作时，要明确并思考自己真正力所能及的事情。根据你的技能水平，这样的情感吐露需要对方能保证儿童可以得到额外的帮助。当他和其他技能娴熟的专业人士沟通的时候，他可以在精神和情感上得到帮助。在这一方面，你帮助一个儿童的能力取决于你自己的练习，以及你在观察自己思想、情感、判断、关心及回应（而不是反应）等方面的能力。如果作为一位治疗师，你却没有接受过培训，你可能会做出评判并感到惊慌；如果你接受过练习，你可能就会被冠以"专业人士"的头衔。尽全力去了解一个人及其经历，给予其关心和智慧。

中期讨论（所有年龄）

提醒参与者这节处在全部课程的中点，请简单回顾本课程中几个重要的主题。让一些志愿者简短的分享一下到目前为止他们还记得的课程中提到的那几个重要话题：小组协议，"安静的一角"，正念的概念，呼吸觉知，愉快事件，思想，"九点"练习，非友善思维，不愉快事件，痛苦 = 疼痛 x 抗拒，以及情感。

在这一节课中，你可以再次询问他们家庭练习的进展情况，是否有人没有时间进行家庭练习或自己无法完成家庭练习。再次，请那些已经在练习中找到节奏的参与者分享他们的练习方法。提醒他们，在我们的文化传统中，放慢步伐与关注内在是不同寻常的事情，他们正在学习的东西大部分人从未接触过。你还可以帮助他们找到练习的时间，鼓励那些还没有开展家庭

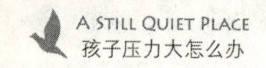

练习的人现在就开始练习。

回顾孩子们在过去3周内所做的家庭练习，询问他们在正念刷牙、穿鞋或饮食时注意到的事情，这些都是很用的。再次提醒，如果他们忘记了家庭练习，可以从这一周开始。

关于正念一个非常重要的方面就是当我们感到游离的时候，还能够回来重新开始。

注意到我们已经从呼吸上游离的时候，返回，再次将注意力集中在呼吸上。

注意到我们被思想和情感带走的时候，返回，再次把注意力集中于此地此时。

注意当我们的家庭练习停止的时候，返回，再次回到练习中。

之后，对家庭练习进行回顾，以听力练习结束。

家庭练习回顾（所有年龄）

最后，对家庭练习进行回顾。与本周课程内容保持一致，把注意力放在情感正念上，把指导性音频练习变为情感练习。鼓励参与者切实地做好练习记录，完成至少两种情感的艺术表达——两幅画，两种俳句，或一幅画、一种俳句——在下节课带过来。

第 4 课　情感与不愉快经历

在下一周所有时间内，请他们留意到如果想让事情有所不同的话，会增加痛苦或沮丧的情绪。

这节课的家庭练习包括日常生活中的正念淋浴或正念洗澡。第三章中已经对这个练习进行了介绍。

结束正念听力练习（所有年龄）

让 1 或 2 个参与度高的同学敲响最后听力练习的铃声，结束本节课程。

课程中期也是检查自己练习效果的好时机。

☆ 你的练习怎么样？

☆ 你正在练习吗？正式的练习？是在授课的过程中吗？

☆ 你清楚了解自己的愉快事件吗？

☆ 你清楚自己的思想吗？特别是将自己和他人限制起来？非友善思维？抗拒？

☆ 你能把善意和好奇心带到自己的情感中吗？

☆ 如果你的练习已经结束，此刻愿意重新开始吗？

家庭练习—第 4 课

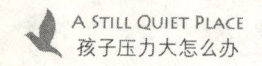

正念是友善的。

它鼓励我们对自己和他人富于善意和同情心。

每天听指导性音频进行情感练习。

至少完成两篇俳句、两首诗或两幅画，在情感练习中展现你曾有过的情感，下周带到课堂上。

在日常生活中做正念练习

◎ 观察想让事情变得不同是如何增加苦恼的。

◎ 正念淋浴。

带着善意和好奇心，不带愧疚，填写家庭练习日志。

如果你有想要分享的正念时刻、问题或困难，或者无法参加下节课，请给我打电话或发邮件。

八

第5课 回应与反应：黑洞与不同的出口

目的

本课是对情感练习的回顾与拓展（如时间允许的话，还包括情感理论与即兴练习），不愉快事件与公式"痛苦＝疼痛 x 抗拒"的真实体验。利用舒缓伸展或瑜伽探知自爱、平衡（身体、精神与情感）和一个人伸展极限的主题。波歇·尼尔森"人生的五个短章"中的诗句为回应与反应提供了一个类比。我们绝大部分的年轻朋友很快接受了这个类比，并发现它非常实用。

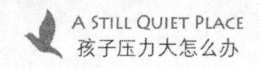

概述：训练、练习和讨论

☆ 正念听力练习

☆ 正念饮食练习

☆ 短暂步行练习

☆ 家庭练习回顾

☆ 情感理论讨论

☆ 情感即兴练习

☆ "痛苦＝疼痛 x 抗拒"回顾与讨论

☆ 瑜伽练习

☆ 黑洞与不同出口讨论

☆ 朗读材料：朱迪斯·维奥斯特的《亚历山大和他最糟糕的一天》

☆ 呼吸练习（如果时间允许的话）

☆ 家庭练习回顾

☆ 结束正念听力练习

正念听力与正念饮食练习（所有年龄）

再次，以正念听力开始课程。然后转到正念饮食，最好无声切换。简单地说几句就可以了："好的，首先我们默声吃三口小吃。在开始之前，请先花一点时间看一下这个梨，留意它的重量、温度、形状、颜色、纹理、气味，当你做好准备以后，慢慢地吃三口，将所有的注意力都放在你那正在咀嚼和品尝的嘴上。不要急，慢慢品尝。"。

短暂的步行练习（所有年龄）

在吃下最后一口梨之后，在参与者睁开眼睛之前，建议他们注意此时自己的情感：疲倦、放松、紧张、快乐、愤怒、充满活力……在他们睁开眼睛之后，将他们的注意力扩展到整个房间，按圆圈步行，让参与者一个接着一个地说出某个词汇或短语来表达他们的情感。这是强化情感正念与身体感知的一种快速简单的方法，将每一个人带到当下了解他们的状态。不需要评论。让每一个人说一些词汇或短语就可以了。

在短暂的静止休息过后，再走动一次会很有益处。在短暂的间歇之后，很多参与者的情感就会发生变化，这是常有的事情。你仅需要关注于此："真有意思。之前，你满腹牢骚，现在平静了。你要明白情感不是长久的，也会发生变化，特别是当情感强烈的时候。了解这一点会很有帮助。"

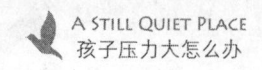

家庭练习回顾（所有年龄）

让参与者用艺术的形式来表达他们这一周所经历的情感。如果有人忘记了艺术创作或诗句，可以简单地分享这一天中他注意到的情感。当他们分享的时候，注意给出回应，也可以对一个人或一个小组进行评论，或简单的点头表示认同；默默地参与其中是一个有力的回应。

你也要寻找机会去着重强调正念的多种原则。例如，你可以通过下列问题来强调问题或评论的暂时性："你的感觉还是那个样子吗？""如果现在回想的话，你能估算出情感持续的时间吗？""如呼吸、思想一样，情感也会有来有去。"同样地，你可以通过下列问题来阐明接受原则："你能够将善意和好奇心带入到你的情感中吗？""你能忽视（压抑）或表露（沉溺）你的情感吗？""你能够了解和支配自己的情感，而不是让情感影响你的行为？哪怕你只可以暂时做到那一点。"

情感理论讨论（8至18岁）

如果时间允许的话，介绍一些基础的情感理论也是有帮助的。下面对于情感理论的简短介绍截取于之前提到的正念情感平衡。一部分情感理论很大程度上得益于保罗·艾克曼博士

（2003年）的工作。自从接受正念情感平衡课程培训以来，我已经和个别病人和小组分享了基础情感理论的简写版本。情感理论的重要概念已在下面列出，下面还有一些能启发讨论的问题以及包含在讨论中的重要信息。这些事例使用的语言适用于8至10岁的儿童。为了使语言适用于年龄稍大的参与者，对于11至18岁的儿童，请参见括号内的短语。

情感是所有哺乳动物生命中的一部分。
你能说出一些哺乳动物吗？
哺乳动物有什么共同特点？
哺乳动物用母乳喂养它们的幼儿；他们是群居社交类动物。
研究情感的科学家已经发现七种每一个人都会有的普遍性情感。
你能猜出其中的几种主要情感吗？
主要情感是由快乐、恐惧、愤怒、悲伤、惊讶、蔑视与恶心组成。[大多数年轻人能说出至少前四种。]
情感帮助我们发现危险、应对挑战并和爱人相连，从而帮助我们生存下来（为进化目的服务）。
对那些我们指出来的情感，哪一种会帮助我们发现危险、应对挑战及与我们所爱的人相连？
快乐帮助我们与我们所爱的人相连。

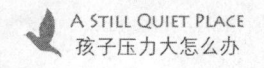

A STILL QUIET PLACE
孩子压力大怎么办

恐惧帮助我们避免危险生存下来。

愤怒帮助我们克服障碍生存下来。

悲伤让我们爱的人知道我们感到苦恼，所以他们能够安慰我们。

每一种重要的情感也有非常特殊的面部表情和身体反应。

你能做出一副惊讶的表情吗？（眼睛睁大，眉毛上挑，下巴张开掉下）

将你的嘴角拉向你的耳朵（微笑）。感觉怎么样？在你身体里注意到了什么？

将你的嘴角向肩膀的方向拉？感觉怎么样？在你体内注意到了什么？

对于所有的（特殊的）面部表情，如惊讶、快乐和悲伤来说，这些都是小的（不完整的）例子。通常，只做出一种情感的一部分面部特征（面部表情）就能让我们感受到情感的存在。

当情感没有被缩小（压抑）或放大（显现）的时候，它们有着天然的时间范围或节奏。

依据你的经历，你是如何描述或描绘出过去的情感的？[典型的绘画形式是一条简单的波浪或钟型曲线，你可以在白板或剪贴板上作画。]

在你的日常生活中，你能注意到一种情感的开始、到达巅峰及结束的时间点吗？

第 5 课　回应与反应：黑洞与不同的出口

在你的经历中，情感到达巅峰时会发生什么？

情感的巅峰被称之为"不应期。"在不应期中，我会被情感占据，不能清晰地思考。你可以描述一段自己不应期的时间吗？

不应期

当我们处于不应期时，我们被自己的蜥蜴（爬行动物）头脑控制，屈服于战斗-逃跑或者原地不动的反应。这里是指，和蜥蜴一样，我们想要战斗、逃跑或原地不动。当不应期过去后，我们将拥有自己完整的最好的人类大脑，这样的大脑可以用宏观视角看事情，思考我们的感觉和意愿，思考其他人的感觉和意愿（不同的观点），具有创造力，能够解决问题等等。

正念可以帮助我们留意到一种情感的开始、不应期及结束。

这样的连续性与我们留意的其他事情（呼吸、思想、声音）是一样的吗？

当我们清楚意识到自己在情感的控制之下时，我们还是有选择的，至少有时可以（微笑）。

有时我们能做出的最好选择就是：如我儿子面带微笑说的那样"闭上嘴巴，坐下"。他经常用这个技巧来对付一个非常

难缠的拼车伙伴。（之后这种技巧会被归入有一个大黑洞的出口理论）

在学习了情感理论之后，艾利斯，一个我独立指导的 10 岁男孩，描述他观察到的自己的生气过程就像目睹一颗炸弹被点燃，有时他可以用正念的水将其扑灭。贾斯汀，另一个我单独指导的 10 岁男孩，说当他开始感到愤怒时，感觉就像在当地休闲公园内排队等候一场激烈的骑行。除此之外，他提到如果他意识清醒的话，他会退出骑行的队伍（通常会和他妈妈发生激烈的争吵。）

我喜欢用波浪的变化作为类比：

强烈的情感经常会突然把我们带走，就像海啸那样。我们可以把正念当作早期的警报系统。如果我们集中注意力的话，首先就会看到一种情感涟漪，然后会看到情感的波浪变得变大、更有力量。一旦我们看到波浪形成后，可以选择退后，移动到更高的地方，这样波浪就不会冲到我们了。

你可以在白板上将下列情景画出来，作为对这个主题的拓展，然后进行解释：

在真实生活中,这会更为复杂,因为通常我们的情感波浪不是分开的(孤立的)。通常,我们的波浪会和他人的波浪相结合。当两股波浪在同一时间达到顶峰时,它会产生强大有力的大波浪。当一股大波浪与一股小波浪或静水相融合的时候,大波浪会变小(弱化或中和),变成更流畅的水流。有时候——比如在家里、教室或一组朋友中间——存在着很多不同的波浪。

对于青少年(及父母和老师),你可以把这个解释与基本物理学的波浪理论结合起来。

在物理学中,当两股波浪结合起来后,会产生更大的波浪,这被称之为相长干涉。当一种波浪遇到低谷或槽点,他们会抵消彼此,这称为相消干涉。有时事情不是如此简单的,那可以称为混合干涉。一个人可能有多种情感,也可能有很多人涉其中,会使事情变得更为复杂。下次当你和他人产生争辩或分歧时,你可以借鉴一下这个理论。

下面的插图给这种波结合的情况给出了一种视觉上的形象,每一条线代表一个人的情感。当你和朋友和家人在关键时刻进行讨论的时候,这些类比的用处是很大的。

波形 1
波形 2
相长干涉

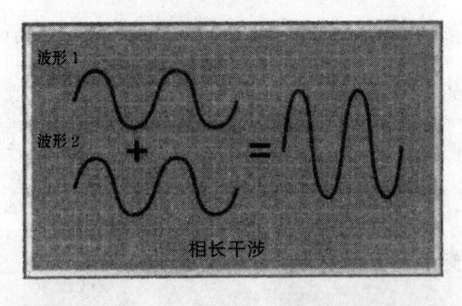

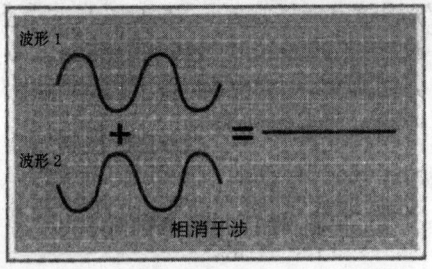

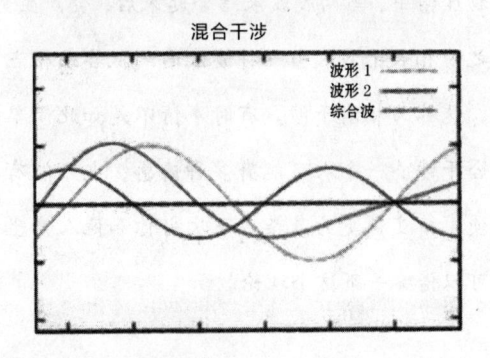

波形 1
波形 2
相消干涉

混合干涉

波形 1
波形 2
综合波

情感即兴练习（所有年龄）

在我网络课程的一节课中，我的朋友同时也是课程参与者的柯蒂斯·克兰布里特分享了一项有趣的情感即兴练习。该练习将情感理论应用在生活里面。该练习的基本内容如下：围成一个矩形空间。用可视标记标注矩形一端到另一端距离的25%，50%，75%及100%。指导参与者向前移动，在一个固定的百分比处展示一种情感。

因为愤怒是非常普遍的情感，并频繁出现问题，所以我通常用愤怒情感开始整个练习。(对于年纪稍小的儿童，你的语言中可以包含少量、中量、大量的怒气。

现在我们将要练习通过肢体语言和面部表情来表达不同的情绪。请起立。我们将把白板到窗户的区域看作一个矩形；书架的前端代表少量怒气（25%），书架的后端代表中量怒气（50%），垃圾桶处代表大量（75%）的情绪（情感）。花点儿时间安静休息，然后保持肃静往回走，回到书架的后端时用自己的肢体动作和面部表情表达少量（25%）的怒气。感知你体内、思维和内心的感受……然后向前走，与书架的后面在一条线上，表达出中量（50%）的怒气。感知你身体、思维和内心的感受……

你可以对你观察到的东西进行评论，并且就参与者在他们体内、面部、思想及内心中所观察到的东西提出问题。这里是

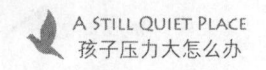

一些例子：

我看过很多绷紧的下巴和攥紧的拳头。

当你展现（表现）出愤怒时，你的思想发生了什么变化？

你的胸腔在发生什么？

你了解（可辨认出）这种情感吗？你对这种情感感到熟悉吗？

你是不是很多次（经常）感受到这种情感？

你是不是对自己的愤怒感到尴尬或不适？

因为这项练习的效果很强，所以通常会把情感表达的最大值限制在75%，这是明智之举。反过来说，参与者在这项练习中不可能表达出一种情感的全部内容。

"现在返回到5%的状态——即只有一点儿怒气。当你只是感到有一点儿气愤的时候，了解到自己身体的感觉是有益的吗？……这会影响到对不应期的回应吗？……当然了！这就像我们之前提到的早期预警系统那样。有时，当你意识到自己正要生气的时候，你可以做出更好的选择，而不是让自己处于真正的愤怒中，并且还处在不应期内。

"现在让我们平静地站起来，然后观察情绪（情感）发生的变化。它是长大了（增强）？没有了（消失）？还是发生变化了？

如果时间允许的话,你可以重复其他情感的练习:悲伤、恐惧、嫉妒、兴奋。我通常以愤怒开始,以快乐结束。

不愉快事件讨论(8至18岁)

请参与者,尤其是那些在过去几节课中没有说过话的参与者,报告他们在过去几周内所经历的不愉快事件。鼓励他们发现愉快的和不愉快的事情都是暂时的、短暂的。引导他们思考自己感到沮丧有多大程度是由于相信当前的不愉快状态会永远持续下去(延续到未来),是由于自己想让事情、自己、其他人或境遇变得不同(抗拒)。

瑜伽练习(所有年龄)

结束对不愉快事件、痛苦、疼痛和抗拒的讨论后,你可以做一些舒缓的瑜伽。这种瑜伽不是要做一套特殊的姿势,而是帮助参与者完全聚焦于自己的身体。与其它练习一样,如果你没有瑜伽练习基础,出于对练习和学生的尊重,你应该事先进行坚实的瑜伽练习。缺少技巧会导致身体受伤。

下面是对一些简单姿势的指导。需要提醒的是,在这些指导中,最根本的是要保证参与者的安全,例如其中的一个姿势

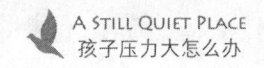

是把脚树立在腿肚或大腿（不是膝盖）上。除了对姿势的指导外，也要说一些评论和鼓励的话。和其他练习一样，建议你在指导学生时，自己也做，这样就能看到自己的指导是否足够清晰，让学生能明白动作的要领。

你知道如何在呼吸之间找到"安静的一角"，或许当你阅读或放松时也能发现它。现在我们将在一些简单的动作中找到它。这一练习是要倾听我们的身体，尊重我们的身体，探索如何做一些新奇非凡的事情。

双脚并拢站立；感受你的脚贴着地板，感受脚尖触碰地板，感受脚后跟触碰着地板；感受脚心和脚背都触碰着地板。感受能量穿过你的脚和腿向上移动。感受到你的腿变强变长了吗？

在腹部感受你的呼吸。感受吸气的鼓起和呼气的下落……向上伸展。

将肩提到耳根处，然后放下，慢慢放松。

闭上眼睛，再次在腹部找到你的呼吸……在那里停下，休息。

感知你的平衡。你能感觉到，我们所说的平衡实际上是一系列的晃动和调整吗？……你知道生活中的其他部分也是如此吗？……我们可能在学校或运动中晃动，与朋友或家人晃动。就如站立在这里，我们能做调整。能够找到我们的平衡点。

当你准备好了，睁开你的眼睛。

看着你前方某个静止的事物，如灯的开关或门铃……让你的眼睛保持注视这个静止的点。伸开你的手臂，让你的身体看起来像一个大写的"T"。迈出你的右脚，感觉它触碰到地板上，感觉你右腿的直和长。将你左脚的脚底放在你右腿的腿肚或大腿上。慢慢地将你的左膝盖向一边张开。在腹部感受你的呼吸。很好（微笑）。

晃动没关系，放下你的脚，换另一只。对自己要温柔和友善。在挑战中找到乐趣。这被称为树姿。你感觉自己像一棵树吗？高大强壮？树枝在风中舞动？你是否能让你的思绪和内心静止，即使你的身体在晃动？这有助于在其中找到一种幽默感。放下你的手臂和腿。晃动你的身体。享受这种晃动。

回到静止……现在将你右嘴角向右耳方向提起，将左嘴角向左耳方向提起。当你做这一姿势时，注意到什么？

再次，看那个静止的点。向两边伸展你的手臂，形成一个大写的"T"。跨出你的左脚；感受它触碰到地板。感受你左腿的直与长。将你的右脚放在你左腿的腿肚或大腿处，让你右腿膝盖慢慢移向一边。在腹部感受你的呼吸；微笑。做的非常好（微笑）。

注意如何与自己交流。当你尝试这个姿势时，要对自己说的话保持好奇。你说的话和善吗？你会用与自己交流的方式与

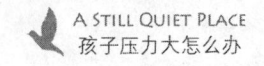

一个朋友交谈吗？你能练习保持友善吗？

就到这里。你们做得很好。如有需要，再来一遍。

放下你的手臂和腿。晃动你的身体。

弯曲你的膝盖，手臂向下触碰地板。让你的上半身像洋娃娃一样挂在腰部。如果感到疼痛，稍稍增大你膝盖的弯曲幅度。

渐渐到达你的极限。注意感知一个地方，到时你的身体会告诉你"够了"。无需超过你当前的身体极限。

注意颠倒的感觉。感觉你腿后部的拉伸。感觉你头部的重量。注意这个姿势时呼吸的感觉。努力将你的注意力放在身体上，感受这种感觉……

现在微微弯曲你的膝盖，将你的手臂伸向前方，放在地板上，使你的身体与地板成一个三角形。感觉你腿后的拉伸。如果疼，加大膝盖的弯曲力度。感觉手臂支撑你的力量。记住，别忘了呼吸……注意你是否已开始将自己正在做的事情与他人做的作比较，然后将你的注意力返回到身体与呼吸上。

现在注意你是如何从一个姿势切换到另一个的，将你自己收回来，跪坐于你的脚上，脚趾指向身后，在地板上放平。轻轻地将你的额头放在地板上，手臂绕到背后，触碰你的脚。以这种椭圆姿势休息。你能感觉到你的整个身体都在呼吸吗？你能感觉到你腹部的呼吸吗？你的后背呢？

渐渐舒展开。坐回去，将你的腿绕到前面，这样你就可以盘腿而坐。闭上你的眼睛,把你的手放在膝盖上。这被称为山姿。无论阳光普照还是狂风怒吼,亦或是大雪纷飞,山岿然不动。有时你的思绪和情感就如怒吼的狂风和纷飞的大雪。通过练习,我们能学到的就是如何如山一般岿然不动,即使思绪和情感正呼啸着席卷而来。

再次在腹部感受你的呼吸。现在你是否在休息或呼吸时找到"安静的一角"。你能在这些舒缓的动作中感到静谧和安静吗?如果没有,不要担心。

最后,做三个深呼吸。记住你的"安静的一角"一直伴随着你——无论是静止、移动,快乐、悲伤。通过将你的注意力放在你的呼吸、身体或此时此刻正在做的事情上,你就能找到它。

"黑洞"与不同出口的讨论(8到18岁)

这节课的教学基于波歇·尼尔森"人生的五个短章"中的诗句(1993)。一开始,让你指导的每一个人都安静地坐好,听你朗读这首诗。

第一章

我走上街,

人行道上有一个黑洞,

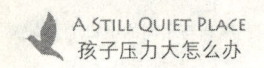

我掉了进去。

我迷失了……我很无助。

这不是我的错,

我花了一辈子才爬出来。

第二章

我走上同一条街,

人行道上有一个黑洞,

我假装没看到,

还是掉了进去。

我不能相信我居然掉在同样的地方。

但这不是我的错,

我花了很长的时间才爬出来。

第三章

我走上同一条街,

人行道上有一个黑洞,

我看到它在那儿,

但仍然掉了进去……这是一种习惯,但

我的眼睛睁开着,

我知道我在哪儿,

这是我的错。

我立刻爬了出来。

第四章

我走上同一条街，

人行道上有一个黑洞，

我绕道而过。

第五章

我走上另一条街。

读过这首诗之后，邀请参与者讨论并完成"黑洞"与不同的出口的漫画。这个"黑洞"可能是参与者面对的任何一个困难，但是重点应该是重复的困难上。新的出口代表对困难的新反应。儿童和青少年可以在漫画的右边增添一点提示，阐明他们对于困难的想法与感受。

大部分 8 岁以上的儿童都能告诉你，他们共同的"黑洞"是什么，也能够探索新的出口（创造性的，不一般的行为）。共同的"黑洞"包括下列问题：

家庭作业：拖延症，计划混乱，受不友善思维干扰。

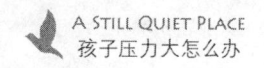

兄弟姐妹：取笑，不断的斗殴。

友情：感觉被排挤或嫉妒，遇到一些"很酷"的东西，不说出你想要的，吝啬。

父母：不听话，也不被倾听，关于责任与特权的分歧，冒险。

注意这一点是有帮助的：有时我们感觉被推进了一个"黑洞"；有时我们将别人推入或拉入"黑洞"；有时我们自己陷入"黑洞"。你们能举出一些例子吗？

儿童与家长组合发现这一类比是非常有用的，通常它会成为一个家庭的笑谈。这首诗为阐释反应（陷入习惯性的"黑洞"）与回应（选择一条不同的出口）的概念提供了一个快速可接受的渠道。对于小学生和初中生，你可以介绍反应（叛逆期的自动的习惯的行动）与回应（停下来，呼吸，选择你的行为）的区别。

在最近的一次办公室见面会上，在我读了诗之后，一名叫瑞秋的年轻患者描述了一个典型的同龄人"黑洞"。瑞秋是三年级学生，她之所以来到我的课，部分原因是因为她容易发火，而且火气很大。她经常和他的两个妹妹在院子里玩耍。她描述了一个她很熟悉的"黑洞"。"当我和妹妹在院子里玩时，我喜欢跑和做侧手翻。当我的妹妹翻筋斗（稍慢）时，我就陷入了愤怒的"黑洞"了。我问她"不同的出口是什么样的？"她

第 5 课 回应与反应：黑洞与不同的出口

提出了一个不一样的视角："我的妹妹可以在其它地方翻筋斗，也可以和我一起跑，然后做侧手翻，或者我们轮流做。"然后我分享了下面的故事：

当我女儿五岁时，我的儿子詹森正在制作一个非常复杂的乐高出品的星球大战太空船。我女儿感觉无聊，所以就跳上他哥哥的乐高说明书，打扰他。我问我的女儿，"妮可，你在做什么？那是什么类型的行为？"她好奇地看着我，我说，"以'H'开头。"我当时真正在想的词汇是'烦扰'。她看着我说，非常准确，"是'黑洞'行为"。

说到这个故事，我和瑞秋讨论到，有时兄弟姐妹会将彼此推入"黑洞"。或许她的妹妹们翻跟斗部分是因为她们知道瑞秋会变得沮丧，看到她沮丧，妹妹们就觉得有趣。对于妮可来说，看到詹森苦恼是她娱乐的方式。我们开始思考一些她没有想到的出口：或许她也可以翻跟头，或许她完全可以做一些其它事情。最后，我们达成一致，在冷静的时候和她的妹妹讨论别的解决办法，相比于在院子里独自沮丧，对她更有帮助。

呼吸练习(所有年龄)

讨论完"黑洞"和不同的出口后,我们接下来要进行简短的呼吸练习,如"安静的一角"或放松练习。大部分时间,我们复习家庭练习,最后,如往常一样做听力练习。

家庭练习回顾(所有年龄)

最后,复习家庭练习;一段简短的有指导的瑜伽练习视频,可在 www.newharbinger.com/27831 上下载(更多信息请看书的附件)。为了与这一周的练习内容保持一致,日常生活中的正念练习也变为关注共同的"黑洞"和不同的出口。

也可回答参与者在家庭练习方面存在的问题。

结束正念听力练习(所有年龄)

课程结束时,让 1 或 2 个参与度高的同学敲响最后听力练习的铃声。

家庭练习——第5课

正念是有回应的。

它帮助我们我们选择合适的行为。

每天做指导性的正念瑜伽。

在日常生活中做正念练习

注意共同的"黑洞",体验不同的出口。

持续关注非友善思维。

带着善意和好奇心,没有愧疚,填写家庭练习日志。

如果你有要分享的正念时刻、问题或困难,或者无法参加下次课,请给我打电话或发邮件。

九
第6课 回应与沟通

目的

本课的目的在于反思我们与朋友陷入"黑洞"(反应)时,选择不同出口(回应)的经验,以此探究沟通困难的原因,同时引入非友善思维的对立面善心。另外,还将引入身体扫描与步行练习。

概述:训练、练习与讨论

☆ 正念听力练习

☆ 正念饮食练习

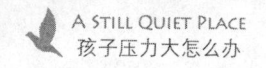

☆ 家庭练习回顾

☆ 身体扫描练习

☆ 沟通困难练习与讨论

☆ 正念步行练习

☆ 善心练习

☆ 朗读材料：戴维·L·瑞斯的《因为布瑞恩拥抱了他的母亲》

☆ 家庭练习回顾

☆ 结束正念听力练习

正念听力与正念饮食练习（所有年龄）

如往常一样，课程以正念听力与正念饮食练习作为开始。课程进行到这一步，你可以提供简单的提示（"集中注意力听……"、"呼吸、倾听、存在……"、"咀嚼，品尝……"、"你能将你善意和好奇的注意力放在你的嘴里吗？"），帮助参与者将他们的注意力集中在此刻，也可以安静地做这些练习。

家庭练习回顾（6到18岁）

你可以简单地询问参与者做瑜伽的经验。然而，讨论的主

要焦点是他们关于"黑洞"和不同出口的反思。下面是一些瑜伽上可以运用的话语:

你们练习瑜伽了吗?

不管你们是否练习,当我询问你们是否练习时,你的脑中出现了什么想法和情绪?

如果你做了瑜伽,感觉怎么样?

如果你不止一次做瑜伽,每次做相同的动作还是不同的?

在做瑜伽时你会失去平衡吗?在你其他的生活呢?

在功课、朋友和家庭中失掉平衡和"黑洞"和不同的出口有何联系?

如果你不愿问最后一个问题,可以改为探究在过去一周里,参与者关于"黑洞"与不同的出口(对生活环境的回应而非反应)有哪些新发现。

你可以从开放性问题开始:"这周有人掉入"黑洞"吗?""有人选择了不同的出口吗?""有人掉入"黑洞"后又出来了吗?""有人此刻还在"黑洞"中吗?""记住我们任何人都可能偶尔会陷入"黑洞"中。"当参与者举出事例时,提出你觉得有帮助的问题和评论。

下面的对话是小组内成员分享的"黑洞"案例,在此列出来,

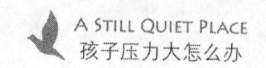

希望能让你对此类对话有所了解。。

棒球类比

在一次儿童-家长的课程中，一个名叫雅各布的11岁男孩分享了他和他妈妈经常陷入的"黑洞"。他想要得到关注，然而他妈妈想要私人时间和空间。当他持续向他妈妈索要关注时，最后总以争吵告终。雅各布偶然喜欢上了棒球，所以我们这样做类比：雅各布妈妈扔给他一个曲线球——意思是她根本帮不上忙。

在组内，我们探究"全垒打"的反应是怎样的。稍大一点儿的孩子乔纳森建议雅各布与他的妈妈订立协议，他可以做15分钟他自己的事情，然后他妈妈陪他玩耍15分钟。雅各布和他的妈妈都感觉，这个建议会对他们平时不太满意的关系有所帮助。

课堂上，我们继续探讨这一话题，所有的参与者都有机会描述他们生活中的"曲线球"（"黑洞"），如夫妻晚餐迟到，或父母想要孩子去远足而孩子不想。绝大部分儿童或父母表示，他们很难提供"全垒打"反应。当人在赛场自己却不能做出"全垒打"的反应时，我们房间内有很多明智的"棒球教练"会提供建议。

我想强调一下，我之所以运用棒球比赛或者其他类似的东西做类比，一是因为雅各布喜欢棒球，二是这样的语言表达能够引起他的兴趣。从雅各布提出问题开始，我们的讨论就集中在他应有的反应上。当然，应该同时与雅各布的母亲进行交流，咨询她关于"黑洞"和不同出口的想法。

差不多时刻

迈克，一所低收入学校的四年级学生，描述了一个不愉快的时刻：他刚得到的猫咬了他，他想要打它。我问，"你做了吗？"他微笑着，然后淡淡地说，"没有，但是我差不多就要做了。"在课上，我将其称为"差不多时刻"。

剩余的5周课程，我们探索在家里、学校、生活中的"差不多时刻"：不欺负小猫或在操场上欺负同学；被一道数学难题困住时，坚持完成；与好朋友产生分歧后，还是和好。青少年也有这样的时刻：不为得到好成绩而作弊，不吸毒，不在没有保护措施的情况下发生性关系，不上醉酒的人的车，不加入帮派，不站在高速行驶的火车前。他们的生活直接取决于在遭遇困难的"差不多"时刻，能够做出明智的选择，选择与众不同的方法。

悲哀的是，2010年在帕洛阿尔托，我的住所南部的大学城

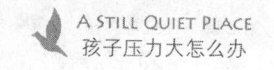

内，六个月的时间里，就有6个青少年在火车前结束自己的生命。他们很可能都被抑郁情绪困扰，有自杀倾向——类固醇上的"非友善思维"："我的生命没有希望。""我最好是死了。""没有人会在乎。"如果他们中有一个能像迈克那样，懂得用好奇心、全局观及善心反省这些观念和情感，事情也许就会有所不同了。我不能肯定，但是，如果有人事后问他们："你曾站在火车前吗？"他们或许会微笑着说："不，但我差不多就那样做了。"

我一直在看

在迈克的课程中，对"差不多时刻"的讨论，引发了关于被困住从而遭到惩罚的讨论。当一个人没能停下来，错过了"差不多"时刻，由于习惯性反应掉入"黑洞"，这样的情况就会发生。反过来，即使一个人没有被困住，也会引发关于自责与自责体验的讨论。这些交流促使我给孩子们讲了下面的故事。（题外话，不论什么年纪的孩子，都喜欢坐回座位，轻松地听故事。）

从前，在一座大城市的郊区，有一所老学校。孩子们很小的时候就要住校，跟着老师一起学习。有一天，管理这所学校的老师决定给孩子们上一堂课。他将孩子们聚集在自己周围，然后说："我亲爱的孩子们，正如你们看到的，我年纪大了，行动迟缓，不能像之前一样维持学校的日常。我还不能教你们去工作赚钱,所以我只想到一个办法,防止学校关门。"孩子们都睁大了眼睛,凑近来听。

"我们附近的城市,到处都是富人,他们钱包里的钱多的花不完。我想要你们进城跟踪他们,无论是穿过拥挤的人群,还是走过无人的窄巷。当没有人注意,而且仅当没有人注意时,你就趁机偷走他们的钱包。这个办法能让我们有足够的钱,让学校维持下去。(这时,迈克和他的很多同班同学,都倒吸了一口气,然后摇头。)

"可是,老师,"孩子们怀疑地齐声说到,"你曾教过我们说,拿任何不属于我们的东西都是不对的。""是的,我确实说过。"老教师回答到,"如果偷一件你完全不需要的东西,那是错的。记住,一定不能被发现。如果有人看着你,就不要动手!你们明白了吗?"

孩子们一个个看起来都很紧张。你们挚爱的老师是疯了吗?他的眼中闪烁着他们之前从未有过的紧张。"明白了,老师。"他们安静地说。"好。"他说。"现在,行动吧!记住不要被人看见!"孩子们全都起身,静静地走出教学楼。老教师慢慢地起身,看着他们离开。当他转身时,发现一个学生仍安静的坐在教室的角落里。"为什么你没有和其他人一起出去?"他问那个女孩。"你不想帮忙拯救学校吗?"

"我想,老师,"女孩安静地说。"但是你说我们必须不

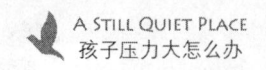

被看到才能偷。我知道，在地球上没有任何地方我能不被看到，因为我总是能看到我自己。"

"非常好！"老师赞扬到。"这就是我希望你和其他学生能学到的道理，但是你是唯一一个了解这一点的人。快跑去告诉你的同学们，趁他们还没有惹上麻烦，让他们回到学校。"女孩跑着出去了，看见他们正紧张地聚集在校园外，努力着打算要去做什么。当他们回来的时候，老师将小女孩的话告诉他们，他们才理解了这堂课的意义。

这个故事经常会引发很多讨论，根本无需我的引导。然而，你可能会问，"它与我们讨论"黑洞"、'差不多时刻'以及选择我们的行为有何关联？无论我们做什么，我们内心的正念总是在安静地观察着，只要我们停下来倾听，它就会引导我们。

当以上的讨论进行完后，你可以转向身体扫描练习。

身体扫描练习（所有年龄）

本课大部分内容的目的就是促使参与者更加肉身化，对自己的身体感觉更加敏感。这种强化的"内部"知觉能够提供身体状况的重要信息（健康与疾病，功能与伤害，活跃与疲倦，饱腹感与饥饿感等等）。而且，思想与情感都能够在身体感觉上体现出来，增强身体的觉知能力，也会提高我们对复杂的精神和情绪状态的感知。身体扫描练习的目的就是帮助参与者更加具体化。

如之前提到的，在第6课（对比在第1课引入成年正念减压疗法）我已经发现身体扫描很有帮助。一个比较短的身体扫描也要花上12分钟，所以，在进行"较长"时间练习之前，了解一些静止和安静的经验，和应对分心、无聊及焦躁的方法，对孩子们非常有帮助。适用于所有年龄的身体练习指南可在 www.newharbinger.com/27831 下载。

练习时，参与者需要平躺在地板上或坐在椅子上。首先，让他们感知腹部的呼吸，在"安静的一角"休息。然后，让他们注意脚尖的感觉，感知每一个脚趾、脚趾缝、袜子、鞋的变化，空气接触脚的感觉。然后，让注意力沿着脚底移动，感知脚的曲线，从脚背一直到脚踝。然后呼气，让脚、脚趾、脚踝都变得柔软。再吸气，将注意力集中到小腿……继续向上半身移动，对每个区域都集中注意力仔细感知，呼气时，释放一个区域，吸气时，再移动到下一个区域。

如你在音频中听到的，我用"骨盆"这个词，将它描述为一个腿部与身体的其他部位相连的地方。有时，提到"骨盆"时会招来尴尬的咯咯笑，或小学生和初中生的非议。如果这一幕发生了，你可以简单地说，"在你注意身体这部分时，用善良而好奇的态度关注你出现的感情和观念。你感觉尴尬或不舒服吗？你是想用玩笑的方式来证明你对这件事还可以接受？很好，保持注意。"

呼吸、专注、意识、感知整个身体，然后让身体自然放松，平静地休息。你需要经常做这样的练习，才能汲取经验。在接下来你解释困难沟通的漫画时，鼓励参与者保持正念与安静。

困难沟通练习与讨论（8至18岁）

无论是小孩还是成年人，我们的压力、不愉快与困难都源于我们与他人缺少有效的沟通。面对复杂的事情，如果不善于与人沟通，就很容易带来压力、困难与不愉快。本课中所讲到的很多基本技巧旨在帮助孩子、青少年（以及成年人）深入地倾听自己和他人，更加清晰、友好地与人交流。

这一练习可以在年轻人遇到困难时，帮助他们学会停下来思考他的感觉和意愿是什么，他人的感觉和意愿是什么，我们将如何将事情完成。总而言之，这些练习可以培养自己与他人之间的理解与同情，为创造性地解决问题与真诚合作打下基础。当以这种方式解决冲突之后，孩子们将不会带着分心的精神和情感包袱，带入学习以及与伙伴及家人的关系中。他们将能够更好地投入到学习中，更好地处理课堂内外的关系。

第 6 课　回应与沟通

困难沟通练习

当你分发这一章后面的漫画图片时，可以同时如下介绍这一练习：

当我们生气时，发怒时，倔强固执时，我们通常会直接做出反应，想到什么说什么。如果我们面对的人也这样，很快我们就会发现大家会陷入过度反应的波涛里，被极端的情绪和观念所控制。

所以让我们利用漫画图片来练习。闭上你的眼睛，做几个深呼吸，进入安静状态，回忆这周你有过的一次困难的讨论——和同学、朋友或者家人的分歧……现在让我们通过漫画找到解决办法。在有效交流过程中，第一步就是问自己，"我感觉到了什么？""我想要什么？"当你回忆起你想要的和你的感觉时，写下来。几个字就好。

有时回答是清晰而快速的。有时候，慢下来，倾听内心最真实的声音，很有帮助。这需要练习，重要的就是理解你如何感知（你的情感），你想要什么（你的愿望），这样才能进入下一步。

第二步就是思考其他人的感觉和意愿。没有这一步，很难继续沟通，也找不到解决办法。所以，别着急，忘掉你的感觉

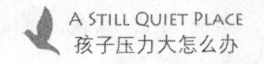

和意愿，真正地思考他人的所感所需。当你感觉到你理解了他人，就简短地记录下来。

既然你已经对自己和他人的意愿和感觉有了更好的了解，你如何跳出这个"黑洞"呢？不同的出口又是什么？创造性的解决办法？如果你有什么主意，写下来。如果你感觉卡住了，你将马上有机会和同伴讨论可能的解决办法。

在沟通困难时刻，关注自己的情感和意愿，思考他人的情感与意愿，将二者相结合，会帮助我们更加善待自己和他人。

对于小学生和青少年，要让他们慢下来，认真思考每一个问题。你可以这样说：

最好不要快速掠过这个过程。要真正花时间理解，对于你和他人来说，什么是正确的。例如，如果你被一个朋友排斥，你可能尽力假装不在乎。事实可能是"我受伤了，悲伤、难过、气愤。即使我的"朋友"一直对我不友善，我还是想要成为他的朋友。"承认自己真正的感觉与意愿，甚至对自己而言，又是也是艰难而难以忍受的。

当你花时间思考过后，你可能会发现，你不是真想和这个人做朋友，或者你不想和没有安全感，或不想，或不知道如何成为你的朋友的人做朋友，或者你非常想要和他成为朋友，但他不想。即使你不喜欢你发现的事情，但是承认自己的感觉和意愿，思考他人的所感所需，会为我们做选择时提供重要参考。在上述事例中，如果你了解自己想要的友谊，对他是否能成为你的朋友又不确定，你可能会选择去找他，也可能会选择和你自己成为朋友，善待和尊重自己，又或者选择找其他朋友。另外，如果你意识到他真的很冷酷，你可以从值得信赖的成年人那儿寻找帮助。

困难沟通讨论（8至18岁）

参与者完成漫画之后，将他们分成小组——最好不要和好朋友一组——分享他们在漫画中总结的困难沟通的例子。如果他们想到的例子太私人化（尴尬、温和、紧张），他们可能会选择一个稍"容易"的来替代。（如果你只和一个人合作，那很明显此练习的讨论就是一个简单的对话。）

一旦每一个组员都有了同伴，每一个组都确定好谁是 A 和 B，或者指定好 A 和 B 的角色。指派角色的方法有很多。例如，头发最短的人是 A，年龄最小的是 A，或者名字的首字母是 A 的就是 A。

当 A 开始分享困难沟通例子时，B 练习正念听力——带着善心、注意力和耳朵来听。为了推动交流，你可以提供下列提示，让 A 用一分钟时间回答下面的问题。当你提示时，组

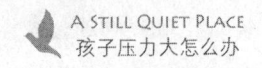

员都要参与进来。

☆ 困难是什么？简短地向你的同伴描述一下。

☆ 遇到困难时你感觉怎么样？

☆ 你想要什么？

☆ 你认为别人感觉怎么样？

☆ 你认为别人想要什么？

☆ 最后发生了什么？

☆ 现在回顾一下，其他可能的解决办法是什么？

当同伴 A 做完分享后，同伴 B 练习正念演讲——带着善意和好奇心地提问，或基于她所听到的进行评论。然后，同伴之间互换角色。

在这一过程中，要着重探究他人的感觉和意愿。要保持这样的观念，甚至在交流面临困难与分歧时，他人的需求与我们的非常相似。

听起来他想要快乐，想要事情按照他的方式走……你想要快乐吗？想要事情如你所愿吗？……不是所有人都想要快乐，想要事情如我们所愿吗？……这难道不是很有趣吗？当我们和他人有矛盾时,我们仍和他们分享着对快乐的简单渴望。对于我来说,当我真的生气时,如果能记得其他人也想要快乐,会很有帮助。

一旦参与者和同伴完成分享,你可以组织所有人一起讨论:"如果你愿意分享你的困难和你在组内写下的内容,请举手,或者你正在寻求一个可行的解决办法,想要得到组内人员的帮助,也请举手。"

组织讨论提示

帮助孩子和青少年发现和说出他们的真实想法是重要的,即使那有点"政治不正确":"我很生气,我想要打他。"(或者青少年会用"杀他"。)在练习中,回应上面的话时,停下来注意你的思想、情感和身体反应。

恐惧出现了吗?你开始下判断吗?你发现自己想要纠正或弥补了吗?如果是这样,你在评判你自己的恐惧或判断过程,尝试弥补你对弥补的渴望吗?记住,作为组织者和尽力的人类,最理想的情况是,为我们自己和他人留出一定的空间。你愿意承认,在很多时候,你有气愤到想要伤害他人吗?

不可避免,你会遇到迈克这样的年轻人,讨论着他们的"差

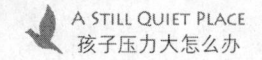

不多时刻",很真诚地告诉你:"我想要打他。"("他"可能是一只猫、兄弟姐妹。一个朋友、校园里仗势欺人的人,或一个混混。)当一个小孩如此真诚地交谈时,不要批评他,而是要感谢他。你可以说:

谢谢你如此诚实。我理解。像你一样,我有时也很气愤到想要伤害别人。诚实对待这些情感和意愿会帮助我们选择我们的行为。相反,有时我们假装没有生气,隐藏自己的气愤,反而会做一些让我们后悔的事情。对我们自己诚实,是非常勇敢和有益的行为。

矛盾的是,如果我们承认极度的气愤,以及当我们恐惧时有想要攻击或防卫的冲动,这就表明这些都是非常普遍的人类经验,也暗示着我们可以感到愤怒,可以对他人造成伤害,甚至真的付诸行动。

所以,不要让参与者陷入他们的情感与意愿中,要帮助他们转向关注他人的观点,谨慎选择自己的行为。这两点同等重要。要提醒我们的年轻朋友,进行困难交流的调查并不意味着他们会得到他们想要的答案(或者,更准确地说,是他们"自认为"想要的答案——通常是现实世界中某个特定的结果)。

有时他们完成这一过程后发现,他们想要的东西并不是他们当初想要的。这正好可以提醒他们"痛苦=疼痛 x 抗拒"。当他们忙于改变事情本来的样子时,也就是在给自己制造苦恼。同时,不要暗示他们不应该想要他们想要的,或不应该想方设法得到他们想要的(只要没有对他人造成伤害,完全可以)。最终,整个过程是关于我们真正的所感所需,他人真正的所感所要,这样我们才有机会,做出最好的选择,让我们和他人都获得最大的快乐。

对于小学生和初中生,你可以介绍这样一个思想:"一指出;三指背"。这一短句让我们明白,他人身上最难缠的部分,也是我们自己行为的反映。"他一直忙着争论,没有听我说。""你明白你一直争论的点是什么吗?——即使在你的头脑里,而非大声说出来——你没有听他说?……"

反复开展针对困难沟通练习的益处是增强自我认识(青少年甚至可以辨别自身的行为模式);增强换位思考,同理心,同情心及坚韧的性格;促进更有效地沟通;强化冲突的解决与合作;最终,能够以更大的热情参与学习和生活。

正念行走练习(所有年龄)

这项讨论过后,学生们很可能会躁动不安,准备移动。如果能量充沛,你们可以先开始快走(描述如下),然后换为慢

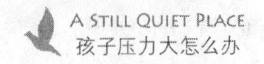

步走。如果天气合适,你可以将学生带到室外。

无论室内还是室外,正念行走练习如下:让参与者双脚并立,闭上眼睛。安静地休息,将注意力放在他们脚部正在发生的事情。鼓励他们做一些小的调整来保持平衡,然后让他们睁开眼睛,右脚慢慢地迈出正念的步伐,感知抬脚时的感觉,向前摆动,将它放在地面上,将全部注意力都放在脚上。走十步,速度要慢,然后停下来。如果走得很快很急,你可以说想进行一场比赛,看谁走得最慢,最稳,身体没有摇晃。呼吸方面,让他们注意思想的游离,将他们的注意力拉回对行走的感知。一旦他们有了基础的概念,你可以变换练习。例如,你可以指导他们每个人都走直线,或所有人围成圆圈走。

正念快步走练习(8至18岁)

一组有15到20个参与者,划定一个15x15英尺的步行区域。指导参与者在区域内以自然的速度走动,在撞上其他人或到达区域边缘前改变方向。你可能需要提醒他们善待他人,注意安全,留意他们的身体,担起负责。可以要求他们保持注意力,加快一点速度。

渐渐地加快速度,每七步改变一次方向,或者为了避免相撞,可以早一点改变方向。建议他们注意他们的身体、同学,以及同学之间的空间(犹如呼吸或思想之间的空间)。然后让

第 6 课　回应与沟通

他们更快地行走，每五步改变一次方向。接着，让他们握紧拳头，抬高肩部，咬紧下巴，每三步改变一次方向。让他们注意自己的感觉。一些参与者可能发现，这种紧张的快步走非常熟悉。

最后，让他们静止，注意快步走后的感觉。"你体内发生了什么？""你的呼吸怎样？""心跳怎样？""你的思想发生了什么？"当他们由静立改到静坐，返回座位时，请他们注意自己的思想、情感和身体感觉。

善心讨论（所有年龄）

接下来，让参与者保持安静，对善心练习做一个简短的介绍——或"开胃菜"，请他们对自己多一点儿善念，就像简单的"祝自己快乐"。

现在我们将要做一个非常短的新练习。在练习中，你要默声对自己说一些事情。尽量注意到你的思想、情感及你身体的变化。好的，说一句简单的祝福语："祝自己快乐"。说完后，注意自己的反应，然后睁开眼睛。

组织一轮讨论，鼓励他们注意自己对自我表达善意的意愿，建议他们用下列问题回应这种善意：

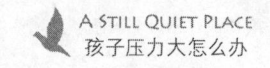

☆ 你愿意对自己仁慈吗？

☆ 如果不愿意，阻止你对自己仁慈的因素是什么？

☆ 你享受或忽视了自己的仁慈之心吗？

☆ 当对自己仁慈时，感觉是怎样的？

通常参与者会注意到安慰、释放、麻木或抵抗的情绪。总的来说，对自己仁慈是对非友善思维的回应方式或对抗手段。下节课我们将会做更多的善心练习。

家庭练习回顾（所有年龄）

记住，课程最后会留出时间，大声朗读下一周的家庭练习计划。指导性音频练习是身体扫描，参与者可以在做独立正念行走练习时，将其改为听力模式。他们可以做慢步走，就像课上做的一样，或者他们保持正常步调，在行走过程中集中注意于他们的8种感觉。日常生活中的正念练习是为了意识到困难沟通的存在，停下来思考自己的情感和意愿，他人的所感所需，然后做出不一样的选择。这是一个远离——或跳出——"黑洞"，发现不同的出口的过程。

回答参与者在家庭练习方面存在的任何问题。

结束正念听力练习(所有年龄)

结束时,让一两个参与度高的学生敲响最后听力练习的铃。

家庭练习——第6课

正念是诚实的。

我们要忠实于自己的经历,尊重他人的经历。

交替进行身体扫描练习与正念行走练习。

日常生活中练习正念。

◎ 正常散步,注意风景、声音、气味儿,空气的感觉,你的思想与情感的变化。

◎ 研究困难沟通。

练习对困难沟通过程出现的敌意思维和""黑洞""的回应(而不是反应)。

带着善意和好奇心,不用感到愧疚,填写练习日志。

如果你有想要分享的正念时刻、问题或困难,亦或是下节课你不能参加,请给我打电话或发邮件。

十

第7课 沟通与爱

目的

本课的主题是邀请参与者讨论如何在困难沟通中应用正念，继续锻炼回应而不是反应的能力。同时我们将研究冲动情感练习，总结记忆方法。最后，将正式介绍善心练习。

概述：训练、练习，与讨论

☆ 正念听力练习

☆ 正念饮食练习

☆ 冲动练习与讨论

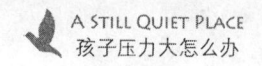

☆ 家庭练习回顾

☆ 回应 vs 反应讨论

☆ 朗读材料：路易斯·萨查尔《威赛德小学的荒诞故事》中"保罗"的章节

☆ 模拟造雨练习

☆ 正念合气道练习与讨论

☆ 总结：ABC，STAR 与 PEACE 练习

☆ 善心练习与讨论

☆ 家庭练习回顾

☆ 结束正念听力练习

正念听力与正念饮食练习（所有年龄）

如往常一样，课程以正念听力练习开始，然后是一项短暂的呼吸练习。课程进行到这里，如果你要找志愿者，儿童或是青少年足以勇敢地领导一项简单的练习。听到他们的解读，既是有益的，也是受鼓舞的。如果没有人自愿，你可以领导一个额外的练习，或直接进入饮食练习。

冲动情绪练习与讨论（所有年龄）

对于年纪稍小的孩子，或是青少年，我通常在他们吃东西时，通过阅读路易斯·萨查尔《威赛德小学的荒诞故事》里"保罗"一章来过度到冲动话题。这个故事是关于保罗与诱惑之间的对话，当我们注意到欲望时，是否要选择顺从它。它提供了一种幽默的方式来呈现"差不多时刻"、"黑洞"及不同的出口（换句话，回应与反应）。

简单的说，诱惑引诱保罗去拉莱斯利的辫子。起初，保罗是拒绝的。然后，你先拉了一下左边，又拉了右边。每拉一下，莱斯利就会大叫，说保罗拉她的辫子，将保罗的名字写在黑板上，划上一个叉。莱斯利再一次大叫（不清楚保罗是否真的拉了她的辫子），保罗得到了第三个叉，早早地坐上幼儿园的大巴车被送回家。这个故事成为讨论冲动与选择的一个跳板，可以运用下列问题：

☆ 你是否有过注意到自己想做不友善或坏事情的冲动，如拉辫子、抢糖果、八卦、或考试作弊？

☆ 你是否听到你头脑中的一个声音在说："不！我在做什么？我要惹麻烦了？"

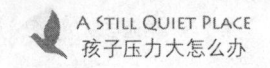

☆ 你是否听到另一个声音在说:"就是一件小事?"

☆ 如何能注意到这些冲动,以及帮助我们的声音?

☆ 为什么听从我们明智、善意的声音,选择一个不同的出口如此的难?

痒

下面的事例为探究冲动提供了一个简短、有趣又可行的办法。当你读到这一段时,可以联系你自己的经历,让自己熟悉练习。然后,运用你自己的经验指导学生探究日常生活中的强大冲动。

请闭上你的眼睛。此刻我要说一个单词。我想要你们注意自己身体和思维发生的变化。注意不要做任何事情或有任何的动作。好的,这是那个单词:"痒"。

你注意到了什么?

如果你突然意识到一个你之前没有注意痒的地方,请举手。如果你能够注意到它,但没有抓它,请举手。如果你抓了,但在你抓之前有怎样的思想?是什么?你是不是会想"就抓了一下。""她不会注意到。""我不在乎她说了什么。"或者"她不是那个意思。"?再次,这与感觉好与坏、错与对无关;这是关于注意我们的身体、我们的思想和情感,然后选择我们的行为。一个简单的词汇就能引发我们对身体的感知,这些感知会导致思想和欲望,欲望又会产生行动,这难道不有趣吗?

如果时间允许,你可以尝试用其他单词进行相似的练习,如"甜饼干"或"家庭作业"。对于年龄稍大的孩子,你可以增添一个媒体形象与广告的讨论,问题和评论如下:

这项练习与广告有关吗?准确的说,广告运用语言和形象来创造想法和冲动。

广告想要引发何种类型的思想?当然有。渴望或意愿,敌意或不安全感。

为什么记住这一条会有帮助?是为了让你能观察自己的思想和冲动,然后选择你是否想要花钱买一条某个品牌的牛仔裤。

家庭练习回顾(所有年龄)

在读完故事之后,你可以进行家庭练习的复习。

身体的存在

询问参与者关于身体扫描与正念行走的经历。照例,提供

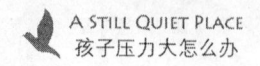

一些典型的评论或问题：

☆ 有人做了身体扫描吗？

☆ 你感觉怎么样？

☆ 有谁做身体扫描时遇到困难吗？

☆ 不要担心；当你意识你的注意力正在游离，返回到录音正在描述的身体部位就好。

☆ 如果你有要动的冲动，你是否能注意到，并且在移动之前做三次呼吸。当你移动时，是否能专心移动？

☆ 有人做了正念行走吗？

☆ 如果你忘记了，这周开始怎么样？

☆ 自然行走怎么样？

☆ 在室外行走，关注风景、声音、身体时，感觉怎么样？

困难沟通："远离电脑"（8至18岁）

对于年龄稍大的参与者，继续回顾过去几周的困难沟通经历。我鼓励你分享一个过去几周中自己的一个困难沟通经历，然后参与者可以给出他们自己的建议这样就会让年轻人了解到成年人也会受到相同事情的困扰让他们看到了一个真实担忧普遍存在的场景。为他们提供机会分享他们来之不易的智慧。你也可以从他们的智慧与全新视角中获益，这一点同样重要。下

第 7 课　沟通与爱

面描述的困难沟通案例由亨利提供，他是斯坦福儿童 - 家长课程中的一个六年级学生。（与儿童 - 家长小组工作带来了独一无二的机遇与挑战，第 15 章中会对此进行详细的探究。）下面的事例是在孩子 - 父母课程中分享的，在小学生课程中也很常见。如实地展现这一事例，会给你一种感觉，即我如何选择在一个特别的秋日下午与一群特别的人进行特别困难的沟通；这只是无数对特定时期的可能回应中的一个。不管你的工作对象是一个人，一组儿童或青少年，还是儿童与父母，询问的基本过程都是一样的。

在这个特殊的课堂上，孩子和家长的热门话题都是协商家中电脑的使用。通常，孩子想要继续玩，而家长想要他们接下来做家务或做作业，或者家长想要自己用电脑。在亨利提供了剧本之后，我让班上声音最洪亮，对电脑很着迷的同学扮演家长，另一个男孩则本色出演一个对电脑痴迷的男孩。你会看到，亨利对他所扮演的家长角色驾轻就熟。

家长："离电脑远一点。"

孩子："不，妈妈，我刚好打到 37 级了。"

家长："我理解，亲爱的，但我现在要用电脑。"

孩子："但是，妈妈，我之前从未打到过 37 级。让我打完嘛。"

家长："你还需要多长时间？"

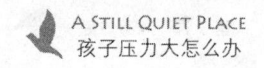

孩子:"五分钟。"

家长:"我再给你五分钟,时间到了,换我用电脑。"

孩子:"好的。"

接下来的讨论表明,孩子并不总是能够准确地计算完成一级的时间。当时间到了,他还没有停下来。然而,孩子和大人都感觉,与他们平常关于这一话题的实际沟通相比,角色扮演中有更多的技巧,更多的相互尊重与信任。孩子想要父母理解游戏对他们来说是重要的,而父母想要避免长时间持续的协商。

在有人想要用电脑之前,或已经在用电脑时,我们注意到,这个中性的时刻,正好可以用来讨论这一情况,并制定家庭协议。接下来的一周,家庭成员都报告,大多数时候,电脑的交换使用少了很多压力,沟通也更舒畅了。

当面对参与者—参与者组合或你办公室的某个人时,这个过程是类似的。例如,如果一个青少年来到组内或你的办公室,与你分享她的父母总是唠叨着让她远离手机和电脑,你可以让她扮演父母的角色,而你或组内的另一个成员则扮演她。在角色扮演完成之后,你可以将课程串联起来:呼吸,注意思想与情感,应用情感理论,用正念倾听自己和他人,选择不同的出口,等等。

第 7 课 沟通与爱

着迷报告（8 至 18 岁）

"着迷报告"是一个文字游戏，为探究回应 vs 反应提供了一个有用的类比。8 至 18 岁的孩子按常规都要写读书报告。一份着迷报告主要涉及观察和报告孩子着迷的时间。主要角色是谁？着迷的事物是什么？发生了什么？着迷中的思想和情感是什么？其他可能的结果是什么？可以做出怎样明智的选择？你可以面带微笑地说出下列内容：

现在我想要你们写一份读书报告。（不可避免，一片哀怨之声。）注意当我说此事时你的思想和情感。你可能认为"啊，为什么正念老师也让我们写读书报告？"如果我是你，我也会有同样的想法（微笑）。但是，这份"读书"报告可以是份"着迷"报告，关于你被某人或某事迷住的时间。有人能举个例子你在过去几天中对什么着迷了？是的，当你电脑死机让读书报告丢失时。其他人呢？比如你朋友取笑你的装备时。很好，还有其它例子吗？如果你不能想出其它例子，请举手。（和没有想出事例的同学做一个简单的交流，帮助他们找到他们被"迷住"的事例。）

现在每个人都有一个实例，填在着迷报告卡通图上，用几

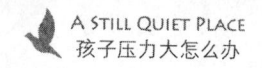

句简单的话语描述"着迷物",牵涉的主要人物,你的思想与情感,你的行为。其他可能的结局或不同的出口,你最明智的自我已经做了什么,等等……

回应 VS 反应讨论(8至18岁)

此时,在对困难是回应而非反应的背景下,回顾整个课程很有帮助。请你指导的个人或团体列出回应而不是反应的步骤。当然,如果他们忘记了一个步骤,你可以帮他们记起来。

☆ 注意存在的困难。
☆ 运用呼吸进入"安静的一角"。
☆ 集中注意力于你的思想、情感和身体的感知。
☆ 如果涉及到其他人,思考他们的想法、情感和所要之物。
☆ 选择一个出口,而不是陷入"黑洞"中。

模拟造雨练习(所有年龄)

造雨是一种体验式练习,在练习中,参与者扮演小管弦乐队的角色,你则是指挥者,指挥出暴雨形成和来临的声音。如果你不曾看过或做过这样的活动,在百度上搜索"交响乐造雨",

第 7 课 沟通与爱

观看专业事例。这是一个说明"一段视频胜过千言万语"的绝佳案例。

让参与者站成两排，呈半圆形面向你。闭上眼睛，感受寂静，倾听房间内的响动。然后让他们睁开眼睛，从左至右依次模仿你传授的动作。我通常给出的说明是"当我指向你的区域时，请模仿我的动作，并保持这一动作，直到我给出新的动作。"刚开始面向左边交响乐队区域，指向那个区域，做出第一个动作：摩擦手掌。慢慢地转向右边，让动作从左到右依次扩展。然后指挥者上挑眼眉，微笑，回转到最左边区域，指向该区域，做出第二个动作：打响指。按照这一方式，从左到右依次做完下面整套程序，要注意提示交响乐队各部分开始做动作的时间。

☆ 静止

☆ 一起摩擦手掌

☆ 打响指

☆ 拍打大腿

☆ 跳起落下

☆ 拍打大腿

☆ 打响指

☆ 一起摩擦手掌

☆ 静止

结束时，鼓励参与者再一次闭上眼睛，感知静止，倾听房间内的响动，并注意他们的思想与情感。这项练习可以作为一项简短有趣的动作练习，或者你可以用它提醒参与者，如同自然界中的暴风雨一样，精神和情感上的暴雨也可能会爆发，持续，最终消失不见。

正念合气道练习与讨论（10 至 18 岁）

合气道是一种武术，练习者借用攻击者的力量来反击。这项练习来自正念减压疗法，探究的是面对"攻击"时的反应。它主要对 10 岁以上的孩子有益。如果有时间，你可以运用这项练习，帮助团体或个人深入探索处理困难沟通和人际冲突的方法。

本节课内容丰富。虽然不一定非要将合气道包括在练习中，但却值得尝试。该练习的目的是引导参与者体验四种解决的冲突方式：屈服、回避、进攻、自信。这些经历与随之而来的讨论目的是帮助我们的年轻人探究伴随每一种反应的思想、情感与身体感知，帮助他们发现自己在不同情景中的反应模式。对于大多数年轻人来说，单单理解有四种基本的处理冲突的方式就是全新的知识，能够辨别出自己和他人的这些行为，也对他们非常有用。最重要的是，这项练习也帮助他们发展选择有效回应方式的能力，而不是运用习惯性或有欠缺的方式。

你可以根据群体的活跃度和空间大小，选择和一个人还是一群人进行练习，或者是否需要将学生分成小组，各自和同伴练习。相信你自己的直觉，尽力发挥你全部的智慧。通常我们最不愿意和洞察力很强的人做冒险的事情（因为我们害怕他们难于控制或做出习惯性反应。）所以，再次运用你的智慧，直面你的恐惧，然后做出明智的选择。虽然我是娇小的女人（身高约155公分），我经常（但不总是）选择优秀的的男士或女士，来表现一个或所有的反应。示范练习或与同伴之间的练习，都描述如下：

示范练习

在你展现对冲突的四种反应时，请所有人安静地观察，注意他们的身体感知、情感和思想变化。选择一个人来帮助你完成这四种反应的示范，或每一种反应选择一个。让你选择的人气愤地向你走来，同时举着手臂。

屈服：当他走近时，带着恐惧的表情蜷缩在地板上。
回避：当他走近时，带着冷漠的表情走开。
进攻：当他走近时，带着生气的表情用力地将其向后推。
自信：当人走近时，带着冷静表情拉起她伸出的手臂，和

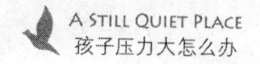

她跳舞，旋转180度。

在示范过后，同时进行正念反思。

☆ 当你看着这些，你的思想、情感和身体感知是怎样的？

☆ 你们是更像我，被接近的人，还是更像安娜，正在接近的人？

☆ 正在接近的人在思考和感知什么？

☆ 被接近的人正在思考和感知什么？

☆ 你什么时候感觉起来像正在接近的人，什么时候更像被接近的人？

☆ 什么样的场景，会让你如我在场景中所表现的那样回应或反应？

实地练习

如果你选择让参与者以小组的形式做练习，那就把他们分成小组，站成两排，相距10英尺，面向彼此。让他们知道练习是无声的。（注意参与者很少能够完全无声。）鼓励他们注意自己在练习中的思想、情感、身体感知和动作。开始之前，让他们慢慢地做几下深呼吸，注意他们的思想与情感，也是一个好方法。除此之外，要着重提醒参与者，他们会对每一位参与练习的人的安全负责。然后向每一组传授练习方法，具体如下：

第 7 课　沟通与爱

对于屈服反应，指导 A 组人气愤地走向 B 组，双臂伸开。B 组成员在被接近时退缩，看起来很恐惧。

对于回避反应，B 组成员生气地走向 A 组，双臂伸开。A 组成员在被接近时，面带冷漠，躲开 B 组成员。

对于进攻反应，再次指导 A 组成员愤怒地走向 B 组成员，双臂伸开。B 组成员反击 A 组成员，双臂伸开，面带生气表情。

对于自信反应，再次指导 B 组成员气愤地走向 A 组成员，双臂伸开。A 组成员用他们的左手轻轻地拉起 B 组成员的左手，将他们的右手放在 A 组成员的后背，慢慢地转动 180 度。

在每一项结束之后，进行正念反思：

☆ 对于那些带着愤怒接近的人，体验是怎样的？
☆ 对于那些被接近的人感觉是怎么样？
☆ 这种感觉很熟识吗？
☆ 什么样的情景下，你会以这种方式反应或回应？

合气道讨论

在完成四项反应后，讨论这四种回应冲突的方式如何与困难沟通、"黑洞"和不同的出口有关。在指导讨论时，请注意下列内容。

除非我们太软弱，一般我们能够指出自信的方式最好，或

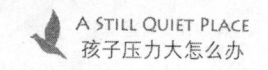

者说是"正确"或"更好"的回应方式。然而，在我的经验中，将屈服、回避、自信到进攻的反应，看成一个连续的过程更好。对于我来说，真正的正念是在不同的时刻有技巧地选择不同的方式。有时屈服是明智的，有时需要一定量的清晰有力的反抗。如果我们正念不足，我们的反应就会从习惯出发，做我们经常做的事情，尽力取悦或攻击他人。最好的办法是发现我们通常的反应方式，练习我们基于环境做出明智的回应的能力。

我们可以通过美国国家公共广播电台报道的一个惊人故事，来展现这一技巧，这个故事挑战着我们何时作出屈服、回避、自信或进攻的反应的既有观念。故事中，一个男孩接近一个男人，拿着刀子，索要他的钱包。在讲述这个故事时，你可能希望停下来，询问年轻的朋友，在这种情况下他们会如何做。最典型的回应就是他们会屈服或者进攻。

案例中，男人交出了他的钱包。男孩离开时，男人叫住他，给了他一件夹克衫，并邀请他吃一顿晚饭。男孩接受了，用男人的钱付了饭钱，并返还了男人的钱包，并给了他20块钱买下他的刀。（想要读整篇报道，请登录npr.org，检索"a victim treats his mugger right"。）

如果你选择分享这个故事，将其作为询问的先导。讨论的目的是探究习惯性反应和技巧性选择，而不是暗示男人的反应或任何特别的反应是好或坏，对与错，更好或更糟。在我分享这个故事时，我会实事求是地说，当我遇到这种情况时，我很可能会屈服。

总结：ABC、STAR、PEACE 练习（所有年龄）

就如本书开篇提到的那样，我对正念的解释是"集中注意力于此时此地，带着善意与好奇心，选择你的行为"。整个课程目的就是帮助青少年将这一方法应用于日常生活中。下面是3种练习记忆的方法，可以帮助青少年练习正念：适用于5至7岁儿童的 ABC 记忆法；8至12岁孩子的 STAR 记忆法；小学生及青少年的 PEACE 记忆法。

ABC 法（5至7岁）

对于小孩而言，简单最好。这个年纪的大部分孩子都熟悉英文字母，或者至少知道前几个字母。所以你可以这样说：

生活可以帮助我们记住我们的 ABC 法。在事情遭遇困难时，尤其如此。所以遇到困难，记住 ABC 法：

A 是注意力（attention）。我们有时停下来集中注意力是很有帮助的。

B 代表呼吸（breath）。通常当我们集中注意力在我们的

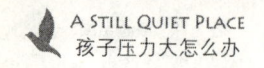

A STILL QUIET PLACE
孩子压力大怎么办

呼吸上，更容易些。

C 代表选择（choose）。当我们停下来集中注意力于我们的呼吸，有时我们会做出善意的选择，一个对我们和对他人都有好处的选择。

STAR（8 至 11 岁）

每年春季，所有加利福尼亚州公立学校的学生都需要参加被称之为 STAR（Standardized Testing and Reporting 即标准化测试与报告）的评定考试。这项考试让学生倍感压力，所以在老师的要求下，我制定了下列练习。除了对减轻考前和考中的压力有帮助之外，该记忆法在其它具有挑战性的情景中也有帮助。

在你参加考试、做家庭作业或处理其他困难时，这项 STAR 练习会派上用场。练习如下：

S 代表停住（stop）。当你面对困难时，如你不知道考试中一道题或生活中任一困难的答案，停下来。

T 代表呼吸（breath）。通常，慢慢地做几个深呼吸会放松我们的头脑，让我们平静下来。

A 代表接受（accept）。接受你正在面对困难的事实，接受你不知道答案，接受你有点儿感到压力。（一位三年级的学生将 A 认为"一切都会好的"。）

R 代表重新开始（restart）。当你慢做了几个深呼吸之后，接受所有事情，你准备好了，重新开始，再次尝试解决问题，并进行到下一道题。

记住，这些练习可以用于解决考试、家庭作业或生活中的困难。

PEACE（12 到 18 岁）

PEACE 更多的是涉及一系列应答练习。该项练习的语音版本在"安静的一角：青少年正念"的 CD 上找到。当反复讲解这项练习时，孩子们会自然而然地与该项练习中最相关的一面保持一致，并保持自己的练习经验。

如果我们记得运用它，正念会帮助我们应对困难情景，从日常生活中的困难，如丢手机，到更严重的困难，如考试失利，与男朋友或女朋友分手，朋友进监狱或你自己要入狱，意外怀孕，你家中或社区中有人去世等。

正念不仅仅是集中注意力于呼吸。对于我来说，正念的力量与美妙在于在事情最困难的时候可以帮助我。

PEACE 是一项练习的首字母缩写，该项练习可以应用于任何困难的情景中。或许你能从日常生活中小的恼怒开始。如

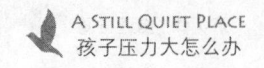

果你正在应对更多的极端环境，你可以多次重复练习。你可能也需要得到朋友、父母、指导教师或一个医生的额外帮助。

练习如下所述：

P代表停止（pause）。当你意识到事情有困难时，停下来。

E代表呼气（exhale）。当你呼气时，你可能发出叹息或呻吟，甚至是哭泣。在呼气之后你想做……继续呼气，吸气……。

A代表承认（acknowledge），接受和允许。当你持续呼吸时，承认事情的本来面目。装有你所有物品的书包丢失了，你的父母离婚了，你最好的朋友正在交往的对象是你的前任。承认一情景并不意味着你对此感到不高兴。它仅仅意味着不管你是否喜欢，你都承认事情的本来面目。

A也代表接受（accept）：接受事情和你对它的反应，不管你是恼火、震惊、心碎、嫉妒或上述所有。

最后，A（allow）还代表允许。尽力在"安静的一角"休息，观察思想、情感和身体的感觉变化。要保持警觉，当你试图压制你的经历，假装自己一切都好，或者想通过重述你脑中的事情或与朋友一起来创作另一出剧。允许这样的想法出现（微笑）。你是否能找到一个中间方法——这种方法让你控制你的情感，而非让情感左右你，导致你做出后悔的行为。

C代表选择（choose）。当你准备好了——可能要花上几分钟、几天、几周、甚至是几个月，依情况而定——那就选择如何回应。最好的选择要包括不同的C：清晰（clarity）、勇气（courage），同情心（compassion），喜剧（comedy）。

清晰是指对自己想要的东西要清晰，你的局限是什么，你对什么负有责任。

勇气意味着有勇气说出自己的事实，倾听他人的事实。

同情意思是对自己和他人要友善，作为人类，理解有时是相当困难的。

至于喜剧，实际上我更喜欢"幽默（humor）"一词，但它不是以C开头。有幽默感，对自己不太严苛，有时会有神奇的效果。

最后，E代表适应（engage）。在你停下来、呼气、允许，然后选择你的回应之后，你可以适应人群、环境和生活。

记住，如果有可能，首先从小的困难开始练习。对于极端的情景，你可能不得不一遍又一遍的重复这个过程，并且需要额外帮助。练习的越多，你就会越PEACE。

善心练习与讨论（所有年龄）

向孩子介绍这项练习有许多相互交错又同等重要的目的。这项练习的一个重要方面就是帮助人们体验被爱、值得去爱以及可爱的感觉。当然，我们都希望孩子和青少年能频繁地有这样的经历。悲伤的是，我们知道这不可能发生。拥有一颗善良的心，将善心扩展到全身，是对来自非友善思维、同龄人、父母和其他重要的成年人，以及媒体产生的消极信息的一种强有力的对抗。很多年轻人频繁的听到消极信息，以至于他们相信并内在化这些信息。善心练习培养了自我同情心，可以对不断传来的消极因素形成强大的对抗。

自我同情研究领域的先驱人物克里斯汀·聂夫博士强调，自我同情与自我尊重是不同的。自我尊重是评价性的，反映了自我价值感；它基于我们与他人的比较，以及我们对自己最近的"成功"或"失败"的看法。自我感觉很好，是因为我在某些方面要比你优秀，或者因为最近我在某一方面取得了成功。

相反，自我同情则是基于一种理解，即包括自己在内的所有人都会遇到困难，但也应该获得善意。与自我尊重不同，自我同情不依赖于我们对自己的评价、我们的成功或失败，或者我们如何与他人作比较。

聂夫博士（2005）描述了自我同情的三个组成部分：自我友善，理解人类的共性及正念觉知。本书"安静的一角"课程重点强调的是正念觉知与友善的内容。聂夫博士将正念觉知描述为一种意愿，既以一种开放而积极的态度直面消极思想和情感的意愿，既不受其压制也不沉溺其中，特别是当我们遭受挫败或感到信心不足时，善待自我的培养尤其重要。聂夫博士所

第 7 课 沟通与爱

描述的自我同情心的第 3 项内容是感到痛苦与缺乏信心是人类共有的体验——是我们所有人都要经历的事情,而并非单独发生在"我"身上的事情。这一点会在"安静的一角"的课程中有所涉及,内容详细明确。

根据聂夫博士的说法,自我同情不仅会增强幸福感,而且会增强适应能力。事实上,她的研究表明自我同情增强了大学生面对学业失败的能力,同时在积极方面与情感聚焦处理策略相连,在消极方面与回避策略相连(2005,pp. 263–87)。现在还没有研究表明,自我同情会增强自我与他人的相互同情。然而,两项最近的研究,一项来自聂夫博士(2012),另一项来自斯坦福大学的同情与利他主义研究教育中心郝瑞尔博士,他们均表示,自我同情与对他人的同情是相关联的。因为作为善心练习的一个方面,对自我的善意可能会间接增强对他人的善意和同情。

除此之外,善心练习会明确提高青少年将善意、关爱与爱意带给他人的能力。他们练习将善意、关爱与爱意传递给认识的人、不认识的人、正在闹矛盾的人,或者那些不会再出现在我们生活中的人。作为对困难沟通练习的补充,善心练习可能会提高对他人的的理解与同情。随着时间的推移,即使对方的行为不会有所转变,这项练习也会帮助缓和僵化的关系。对某个人或某个团体怀有敌意的孩子,会惊奇地发现,在做了这项

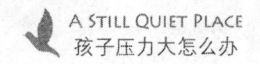

练习之后，他们的愤怒感和攻击性都不会那么强烈了。

因此，下面提到的善心练习的目的是增强自我同情、增强幸福感、适应感和对他人的同情。可以有目的地运用一些模糊的词汇来描述。如第3章提到的那样，在领导别人进行正念与善心练习时，自己的经验非常重要。如果你个人不曾做过传统的善心练习，在你和他人分享之前，请至少做两个月的日常练习。这项练习有难度，但很有趣。如果你没有经验，就有可能会陷入被抛弃或自作多情的危险。适合所有年龄段的练习模式可以在 www.newharbinger.com/27831 下载。针对不同年龄的练习可在"安静的一角：青少年正念"与"安静的一角：儿童正念"课程光盘中找到。

善心练习（所有年龄）

让参与者进入"安静的一角"，坐在椅子上或躺在地板上都可以。在进行几次呼吸练习之后，让他们回忆一个感觉被他人（父母、教练、老师、邻居、朋友、兄弟姐妹、或宠物……）爱和呵护的时候，让他们知道，这样一个时刻与一句友善的话语或轻拍后背一样简单。鼓励他们回忆这一时刻的细节：时间、场景、人物的声音——让这种被呵护和关爱的感觉充实自己。承认这种感觉可能很小（微妙），或者很大，很有力量（激烈），不管怎样，都很好。

　　因为生活环境差异很大，所以运用宽泛的词汇来描述关心或爱护的人很重要。你可以在叙述之外加上这样的话语："回忆上周的一个时刻"或"回忆你常见的一个人"，因为很有可能，参与者的监护人可能来不了，没有空，或已经去世了。这时你增添上述语句就显得非常重要，因为参与者便不会选择那些已经离开的人、被监禁的人或是去世的人。有时在练习中，有人会选择一个不会在他们生命中出现的人。很多孩子也会发现，这项练习非常有价值，因为练习把他们与不再相见的亲人联系在一起。

　　建议他们将关心与爱送给他们记得的人（或动物）。可以让他们默默地送上祝福，如"祝你快乐"，让他们再次感受他们对自己的关心与爱护。小孩子还喜欢在送祝福时飞吻。在进行下一项练习——将善心扩展到一位陌生人或并不是太熟的人——之前，建议他们向自己表达善意，默默地为自己祝福："祝我快乐。"

　　接下来的练习可以让 2 到 3 个人重复练习。他们可以尝试将关心与爱送给他们并不太熟识的人：数学课上坐在后 3 排的孩子，学校的看门人或商店的售货员。或者他们可以送给与他们有矛盾的人：他们的"前最好的朋友"，小弟弟……在向每一个人表达完关心、爱意及友善后，再祝福他们自己。

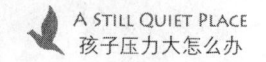

在祝福青少年时，我通常会加上一句"像我一样"，"祝我像我一样快乐"，"像我一样安静放松。"对了对抗恶意的思维，我也鼓励他们对他们身上憎恶的一面，送上关心、爱护以及善意的祝福。"祝我的头发快乐"，"祝我的愤怒能得到平静和放松"，"祝我的慢读能充满乐趣。"即使感到有点儿愚蠢和荒谬，也没关系。鼓励他们，就如耐克的广告语一样"just do it"，因为我们身上最不讨人喜欢或令人憎恨的一面是最需要友善对待的。他们可以尽情地说，找到对他们最起作用的那句话。。

最后，作为结束，让他们把爱送给他们自己，并想象送出的爱都回来了，然后将爱撒向整个世界，包括人、动物、植物、地球、太阳、星星和月亮，想象自己得到了整个世界的爱。

善心讨论（8至18岁）

对于8岁以下的孩子，你可能会说，"记住将爱和友善送给自己和他人，这不是很好吗？"

对于8岁以上的孩子，你可以运用下列问题，做更深入的探究。要注意，有些青少年会觉得这一练习非常有挑战性，也会非常紧张。

☆ 你觉得这项练习怎么样？

☆ 你的情感和思想是什么？

☆ 你觉得向他人表达爱和获得爱容易还是困难？对自己呢？

☆ 你想要拿它开玩笑还是随它去？

☆ 你的身体感觉怎么样？

☆ 知道你可以练习表达爱、收获爱，感觉怎么样？

☆ 你愿意参与这项练习吗？

☆ 你愿意和你有矛盾的人尝试这一练习吗？

☆ 你愿意用这项练习来对抗恶意思维吗？

家庭练习回顾（所有年龄）

最后，复习家庭练习。为了与本周内容保持一致，指导性家庭练习是善心练习。日常生活中的正念练习包括在面对困难和分歧时，从他人的角度看待自己和世界，面对压力要友善待之，而非恶意对待。在8周的课程结构中，下节课是最后一节。因此，如家庭练习清单中指出的，我让参与者带来一样象征他们对该课程体验的东西。通常，我提供的指导不会多于家庭练习清单上列出的内容；我不想误导他们，我喜欢惊喜。

我也可以回答参与者在家庭练习方面存在的问题。

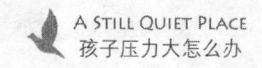

结束正念听力练习（所有年龄）

结束时让一两个参与度高的学生敲响最后结束听力练习的钟声。

家庭练习——第 7 课

正念是一项终身的练习。

练习成就练习。

每天听善心练习指南。

在日常生活中做正念练习

◎ 当你和他人有矛盾或分歧时，站在他人的角度想问题。

◎ 在有压力的情况下，善意相待而非恶意对待。

带着善意和好奇心，无愧疚地填写家庭练习日志。

下节课是我们的最后一节课，请带来一样东西，能够代表"安静的一角"和正念对你来说意味着什么——如一个句子、一段俳句、一幅图片、一个短故事、一首最喜欢的诗，一首歌……

如果有一个正念时刻、问题或困难想要分享，或下节课你无法来，都请给我打电话或发邮件。

十一

第8课 呼气的结束

目的

　　本课目的是讨论课程参与者表达与收获爱的经历，提醒他们通过练习，可以提高这些能力，最终结束课程。结束的过程有四项主要内容：为他们创造机会分享课程对他们的意义，既可以是"给朋友写信"这样的秘密形式，也可以是小组讨论的形式；讨论关于对课程结束的思想与情感；分享他们自己做练习的方式；最后，提醒他们以后可以随时联系你。

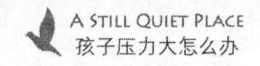

概述：训练、练习与讨论

☆ 正念听力练习

☆ 正念饮食练习

☆ 家庭练习练习

☆ 团体选择练习或光束练习

☆ 练习给一位朋友写信

☆ 结束分享

☆ 课程结束讨论

☆ 结束正念听力练习

正念听力与正念饮食练习（所有年龄）

因为现在参与者对这些练习都非常熟悉，你可以让他们知道你将"默声"做听力和饮食练习。你可以简单地敲钟，然后通过几句话，转到默声饮食练习。饮食练习结束之后，邀请他们安静地休息，集中注意力于该项课程及课程结束的任何思想或情感。家庭作业回顾（6至18岁）。

询问参与者他们对善心练习的体验。你可能要运用第7课中的提示。征求那些认为课程一般、不愉快或混乱的人们的意见——而不仅仅是那些喜欢练习或认为这是一项积极的体验的人们。提醒他们这些体验都很正常，练习每天都会改变，而且他们有更多处理新问题的技巧。

小组选择讨论或光束练习（所有年龄）

这门课"最后"的练习有多种选择。跟着你的心走。你也可以让学生们从你们做的所有练习中选择一项："安静的一角"呼吸练习、思想观察练习、情感、身体扫描、善心练习、ABCs、STAR 或 PEACE。或者，你还可以提供如下描述的光束练习。没有什么神奇的结束练习。此刻选中了什么，通常就是不可思议的。

光束练习（所有年龄）

这项练习融合了很多之前课程中提到的内容，并且提供了一项简短的最后分享练习。这是成人无选择意识练习的儿童版。该练习的录音版本可在"安静的一角：青少年正念"的 CD 上找到。

邀请参与者落座，闭上眼睛，请他们将注意力的光束放在呼吸，以及呼吸之间的"安静的一角"……

大约一分钟过后，让他们把注意力的光束投放到声音上，

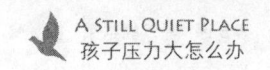

倾听房间内的声音，隔壁房间的声音，自己体内的声音，呼吸、心跳以及耳朵里的回音……

大约一分钟过后，让他们将注意力的光束照向他们的体内，注意他们身体与椅子相连的部位、他们的衣服、空气、体内舒服与不舒服的地方……

一会儿过后，让他们将注意力的光束照到他们的意念上，注意意念的变化来来去去。

然后将注意力的光束照到他们的情感上，尤其是关于这门课程及课程结束的情感。直接承认他们此时的任何感受……

然后将注意力的光束放到呼吸上，放在"安静的一角"，呼吸，然后安静的休息。

在练习的结尾，你可以说，我们的注意力就像一道光，通过这项练习我们可以学会打开光束，选择我们聚焦的位置。我们可以让注意力的光束涵盖所有事情，或将其缩小到一件事情上：球与篮筐、考试中的问题、在我们前方的人、橘子的味道……当我们运动或演奏乐器时，参加考试时，或有沟通困难时，扩大与缩小（或聚焦）注意力的光束的能力是非常有帮助的。

最后，让参与者将他们的注意力返回到呼吸上，鼓励他们在"安静的一角"休息。暂停一会儿，然后指导他们给朋友写封信。注意继续保持安静。

练习给朋友写信（8 到 18 岁）

分发纸笔给所有的参与者，邀请他们给他们的朋友写一封简短的信。这位朋友要对"安静的一角"或正念一无所知，给他们描述在"安静的一角"或意识中休息的感觉，以及他们如何在日常生活中运用正念。如果你喜欢，你可以复印这一章最后的空白信纸，分发给大家（网站 http://www.newharbinger.com/27572 也提供下载）。

要说明清楚，这个朋友可以是任何人或物，包括宠物或想象中的朋友。向他们确认他们无须在信中写上他们的名字，或者除非他们自己选择，也无须寄出此信；这只是以一种私密的方式与你分享课程对于他们的意义。提醒他们这是正念课，不是语文课（当然，在语文课上有要求），他们只需写下对于他们真实的事情，无须担心拼写和标点。要记住，可能存在一两个写信有困难的学生，你可以主动帮助他们抄写信件。我经常保存孩子们的信。如果有人想保存或寄出他的信，我一般会在征得许可后照一张信件的照片，或抄录一份作为记录。

结束分享（所有年龄）

让每一个参与者分享他们带来的代表正念体验的事物，并

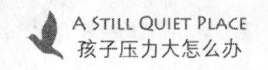

请他们解释为什么或者怎样，这个事物可以作为代表。如所有的交流一样，不管评论与否，你都应该驾轻就熟了。特别注意那些喜欢该门课程，以及从中获益的参与者。记得让参与者如实表达他们的体验。

孩子们通常会带来食物。一个非常害羞的四年级女孩带来了苹果，那么对话就可以这样进行（在我的网路课程的分享视频中有）：

我：为什么苹果会让你想起正念？

索尼娅：苹果让我想起了甜蜜。我不知道，我妈妈就"选"他们。

我：你妈妈选他们？

索尼娅：（点头）

我：她知道我们经常在这里吃苹果吗？你告诉过她吗？

索尼娅：（点头）

我：你曾和你的妈妈以正念的方式吃苹果吗？

索尼娅：（点头）

我：你做过？！是你教她如何做的吗？

索尼娅：（点头）

我：她觉得怎么样？

索尼娅：她说太慢了（咯咯笑）。

我：那你是如何告诉她的？

索尼娅：那是甜蜜。

我：品尝它，品尝甜蜜？

索尼娅：（点头）

我：然后妈妈说什么了？还是太慢吗（咯咯笑）？

索尼娅：（点头）

我：她需要上更多的课，索尼娅……

索尼娅：她总是听 CD……

正如学生经常做的那样，这位年轻的西班牙女孩以多种方式将这项练习带入他们的家庭中。她已经分享了饮食练习，听练习音频指南，"黑洞"和不同出口的故事。她的家庭已经运用正念解决了在他们拥挤的小公寓内不断发生的矛盾：索尼娅想要做家庭作业，她的小妹妹想要玩耍，时常打扰她，从而导致双方出现共同困扰的"黑洞"。他们决定用定时器，去找另一条出口：她们每半个小时设定一次时间，索尼娅做她的作业，她的妹妹则玩耍或画画，然后索尼娅会陪她的妹妹玩耍至少 15 分钟。所以，索尼娅分享的苹果代表了正念深入到低收入的西班牙家庭的效果。

课程结束讨论（所有年龄）

我喜欢将注意力返回到呼吸上，然后开始课程结束的讨论。我经常说课程的结束就如呼气的结束。然后，停下来，开始吸气。每一个参与者都要开始选择他们是否以及如何继续练习。一些学生感觉这门课是一次有趣的经历，就让它在这结束，其他人则选择继续日常练习，将其融入他们的生活中，还有一些人会在有压力时求助于这种练习。

为提问留出时间，尤其对困难及不确定的事情。很多参与者表达了对于课程结束的悲伤，后悔没有在练习时多参与其中。你可以鼓励他们借助这种情感，促使自己从现在开始重新开始练习。其他参与者担心没有小组的支持，他们会忽视练习，忘掉这一新获得的智慧。你也可以鼓励他们借助这些情感，考虑是否以及如何保持这一练习。对于任何的担心与忧虑，你都可以统一回应为建议他们带着善意和好奇心，注意自己思想与情感，然后做出明智的选择。

也要提醒参与者，尽管课程的大部分内容都集中在困难情景中运用正念，但也可以在生活中的很多愉快事件上进行正念练习。祝贺他们完成了该课程，花时间练习集中注意力于自身、自身的经历、他人，然后带着善心和好奇心，选择相应的行为的能力。

第 8 课 呼气的结束

讨论结束之后，我提供给参与者一份帮助他们练习的阅读清单，以及一份当地资源清单。针对特定年龄组的实时更新的书籍和光盘清单可以在我的网站 www.stillquietplace.com 找到。我强烈建议，让参与者知道如果他们有需要可以随时通过电话和邮箱联系。曾经有参与者在课程结束之后的半年到一年的时间，还给我发邮件，询问我在困难时如何用正念帮助他们。

结束正念听力练习（所有年龄）

如果有时间，而且参与者同意将他们所有的注意力集中于每一声铃声，我会邀请每一位参与者为最后结束的正念听力练习敲响铃声。课程结束时，通常所有的孩子都快乐地围着那个敲铃的孩子，微笑着仔细听着，直到声音渐渐消失。

祝贺你们完成了所有课程，花费时间来培养与年轻人分享"安静的一角"和正念练习的能力。

既然你已经结束了课程，在呼气结束的此刻，请利用与阅读本书同样的时间思考你是否以及将如何继续这一练习。与课程参与者一样，一些读者可能会感觉这本书读起来很有趣，就把它放在一边了。其他人则会进行理智又有趣的选择。更多关于决定你如何与儿童和青少年分享"安静的一角"的建议、教学准备及几项重要的提示，将会在接下来的两章中被介绍。

如果你有想要分享的正念时刻、问题或困难，请给我打电话或发邮件。

家庭练习——第8课

正念是你的。

完成你自己的练习。

向自己承诺每周练习的时间和次数。

在你的日历（手机）上做好提醒标记。然后，从现在开始，未来一个月，带着善意和好奇心检查自己是否遵守了承诺。

如果你遵守了承诺，选择你是否想要继续。

如果你没有遵守承诺，选择你是否想要再次开始练习。

在日常生活中做正念练习

◎ *做就是了！*

如果你有正念时刻，任何问题，或想要分享的困难，请给我打电话或发邮件。

给一位朋友的信

给一位朋友写一封信，这位朋友要对正念一无所知。请描述下列内容：

◎ 在"安静的一角"或意念中休息的感觉如何？

◎ 如何在日常生活中运用正念。

写下你最真实的想法，不要担心拼写或标点。如果写信对你来说是困难的，你可以告诉我你想要说的，我帮你写下来。

十二
准备好了吗？与孩子们拜访"安静的一角"所需的素质与能力

就如你已经经历的，课程中我们与年轻的朋友一起回顾了很多主题，并随着时间推移不断深化和拓展。在这一部分，我们将回顾关于开展个人练习，以及第 3 章中详述的促进练习的一些建议。你已经对这门课有了清晰的认识，现在请你把你善意与好奇的注意力集中到这样一个问题中："我准备好和孩子及青少年一起分享'安静的一角'了吗？"。这很重要。这一章将阐述相关的历史背景，从北加利福尼亚正念减压疗法团体先驱者的集体智慧中汲取经验，来表明做这项工作所需的素质与能力。

尽管下面描述的诚挚活泼的对话发生在大约 20 年前，但它

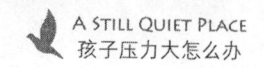

与此时此地有关。从发展的角度来看，当前的青少年正念研究，在对话发生时，正应用于医学领域。巨大的利益与"浮华"催生了惊人的机遇，也带来了潜在的危险。更重要的是，接下来的问题"你准备好了吗？"，是很私密和个人化的。通过这一问题，我将描绘自己经历的各个阶段，以及如何开始教学，并传授正念给年轻人。

20世纪90年代中期，一些北加利福尼亚州的正念减压疗法的老师每个月都会聚会，互相讨论传授与指导正念的乐趣与挑战（最终我们因为成立北加利福尼亚医学正念咨询小组而被人熟知）。在此期间，北加利福尼亚州的凯撒医院决定，它的健康教育部门的一些区域基地将推行正念减压疗法。凯撒医院在健康教育方面率先垂范，为受过培训的健康教育者提供对某一特殊话题（戒烟、减肥、正念减压）的标准课程，并要求健康教育者近乎逐字逐句地传授课程。

在此期间，我们了解到，有几个没有正念体验经历的专业人士被区域内各个院系聘用传授正念减压疗法。一位被聘用教授课程的女士明智地意识到，正念疗法与其他健康教育课程不同，如果她想要有效真实地传递正念减压疗法，就需要有个人经验。值得赞扬的是，她主动向一位顾问组成员寻求帮助。这位女士的经历使整个顾问组开始思考，我们如何帮助聘用讲师的管理者以及讲师自身。我们的目的是确保在凯撒及以外的地方教授的正念减压疗法,具有与马塞诸塞大学的减压诊所示范的疗法具有同样高水准的疗效。

素质与能力

从我们的共同经验出发,我们认为,一位正念疗法老师或指导者必须接受练习,基于其自身经验来进行教学。要让这一疗法对我们、医院管理者及潜在的指导者具有价值,就必须亲自接受练习。我们用了将近一年的时间,讨论与提炼正念减压疗法指导者所需的素质与能力,1996年我们最终制定出文件,即《推荐指南:正念减压疗法与慢性疼痛项目组教师素质》。该文件措辞简洁动人,具有强大的感召力。它是由医学正念领域的研究领导者撰写的,他们中的大部分人在该领域一直处于领导者的地位。

关于这本书中的其他内容,我保留了文件中的精华与目的,以及它的明晰。同时,针对做青少年和孩子工作的专业人士,我做了一些改动。改动部分会用斜体标注。考虑到年轻人的脆弱性,教授这些年轻人比教授成年人,更需要遵循这些指南的要求。

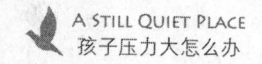

推荐规范：正念减压测试青年项目组教师能力

越来越多的学校和社区正在开展儿童及青少年正念项目。基于我们的经验，我们中那些正在指导和教授已有项目的人坚决执行下列特殊规范。这些规范围绕着满足需要和保持工作的精确为宗旨。它们不是绝对的，但会使正念指导者的（练习）聘用过程更加清晰。

正念练习指导者的主要作用是提供发展社交、情感及研究能力，及缓解压力与疼痛的方式。这是一项细致的工作，因此指导者需要做一些与大多数减压方法不一样的准备。

该文件描述了正念指导者所需的素质和能力。这些规范表示最基本的能力与最理想的素质。我们希望表明这些素质是同等重要的。我们发现，有些符合正念体验的连贯性、持久性与强度等资格的人，并不具备教学的能力；同时，也有很少不符合这些要求的，却具备当教师的素质，而且能够胜任教学。

素质

☆ 营造安全环境的能力，在那里参与者能够探索他们身体、精神及情感。

☆ 对参与者的经历能够报以同情，并保持非判断的态度的能力。

准备好了吗？与孩子们拜访"安静的一角"所需的素质与能力

☆ 接受与研究参与者身体感知、情感或思想体验的意愿。

☆ 能够诚实、尊重和同情地面对作为人的意义。

☆ 不容易受到惊吓

☆ 为参与者提供合适（有用）的评论和建议的洞察力。

☆ 对个人和团体的发展过程有一个持续的认识。

☆ 将正念原则应用到指导个人日常生活较有挑战性的事务中去的责任。

☆ 传递并身体力行（具现）自我接受及其他正念原则的能力。

☆ 激发和保持参与者的兴趣与坚持（持续）的能力。

☆ 乐于并热爱与青年人交往。

能力

☆ 一项日常正念练习

☆ 五年正念练习经验

☆ 广泛的正念静修经验（建议5到10天，或更长的静修练习）。这有助于指导者对正念练习过程中出现的不同思维状态都有所体会。

☆ 将正念翻译成平凡的日常生活语言的能力。

☆ 在正念环境下传授瑜伽或其他动作练习的丰富经验。这

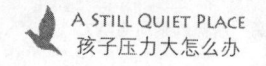

种情景下的主要内容包括放下一切，尊重个人经历。注意力必须集中于过程而非结果。这也要个人探索自己的极限，并试图挑战它们。

☆ 以过程为导向的团体指导技能

☆ 与致力于专业发展的正念研究团体（老师或练习者）保持持续联系。

"哦，天哪"时刻

或许当你阅读这些规范时，你体验到了我戏称为"哦，天哪"的时刻。尽管时间不同，但几乎所有人在带着真诚做这件事情时，都会出现"哦，天哪"的时刻。当它来到时，声音是这样的："我真的能做这项工作吗？我能用技能、优雅、脆弱、奉献和无畏来做这项工作吗？我能胜任教学的责任和特权吗？"祝贺！这是一个你正在真诚地做这件工作的标志。保持呼吸，相信你能行。

编撰素质与能力规范的过程是紧张的，为我和我的很多同事提供了许多"哦，天哪"的时刻。我必须承认，尽管我已经参与教学，我没有符合能力清单中两项重要内容——第2条和第3条：5年正念体验，广泛的正念静修体验。然而，得益于我正在参与的严苛生活练习，这些能力也有所发展，所以我能够持续教学。在我热诚致力于工作时，我也继续日常练习，并参与了一项有指导的静修。从那以后的 20 年时间里,我几乎每天都做日常练习,每年至少参加一次静修。

进一步的说明

上述所有的素质的表述必须严谨,就如素质 4(能够诚实、尊重和同情地面对作为人的意义)和素质 8(将正念原则应用到指导人个人日常生活较有挑战性的事务中去的责任)所表达的那样

我们没有人能够总是拥有所有的素质,如果我们认为我们能,我们很可能是注意力不够集中(微笑)。重要的问题是:你能为拥有这些素质集中注意力而努力,当自己不合格时,非常诚实且同情自己吗?这才是正念的精髓。这是你踏上旅途,与他人分享的首要步骤。

所以请停在这里,做几个深呼吸,反思下你自己。读完此文,此时思想、感觉和身体感知怎么样?你能保持你经验的本来面目,不做任何改变和修饰吗?你能选择在此时开始,迈出理智而有趣的下一步吗?这一章的目的是为你提供一个"哦,天哪"的时刻,督促你问自己,"我准备好教学了吗?"这只有你知道。一直问这个问题,直到答案清晰稳定(至少大部分时间)。如果你发现自己准备好了,带着自信与谦逊前行吧。享受旅途吧。

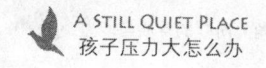

一路的景色都很壮观，而且丰富多彩。

记住，如理查德·巴赫所言："学习是发现你知道什么。实践是证明你知道什么。教学是提醒学生们与你有一样的知识。你们都是学习者、实践者和教学者。"

我的故事

可以在很多地方拾起一个故事线。所有的故事线都可以追溯到童年，甚至是我们父母的童年，或者更久远之前。我的故事开始于 1989 年的夏天。我刚刚结婚，是一位自行车手，也即将开始我医学院第二年的课程。我当时一直想找一个运动心理学家，来提高我自行车方面的思维能力，正好一个自行车手邀请我和她的转型教练乔治娜·琳赛一起参加研讨会。琳赛女士是全国转型咨询公司运动视界的联合创办人。简而言之，那一天改变了我的生活。尽管当时我没意识到，是那一天我初次认识了珍贵的意念领域，随后我了解并爱上了"安静的一角"。

1990 年的冬天，我接连出了两次自行车"事故"。正念练习让我发现，事情不总是我们看到的那样，很多时候，事故是隐藏着的机遇。后来我养好了膝盖，发现了我生命中曾被忽视的部分——无论内在还是外在，包括后来加入到美国全科医学协会（AHMA）。我的会员资料包含在他们年会的发言中。虽然我急迫地想进入一个全新的世界，但我错过了报名、参评奖学金和申请住房的截止日期。运用练习的格言"视界对抗世界"，我坚持内心的想法，不顾这些情况，发送了我的申请。正如现实展现的那样，最后一分钟，一位女士放弃了申请，我则获得了她的奖学金和住房！

就如我对琳赛女士介绍的那样，在会议上，我又一次感受到了家一般的温暖。与我在医学院的经历不同，美国全科医学协会的医生真正地热爱他们的工作，对待患者如健全人，而非是有病的人，真诚地帮助他们改善健康和生活。回顾过往，对内心想法的坚持与热衷，促使我给董事会发去一封简信，信中提出了美国全科医学协会如何培养医学院学生及普通人自然整体观的建议。那一年的6月，即会议之后的四个月，我奇迹般地发现自己成为了美国全科医学协会的理事会成员。

在1993年早期，美国公共广播公司的比尔·莫怡斯的专题广播节目《身心桃花源》，对于整个医学界和我个人而言，都是重要事件。在马塞诸塞大学的减压研究中心看到节目之后，我有了想做这份工作不可抗拒的冲动。我阅读研究所主任卡巴金博士《多舛的生命之旅》（1990年版）一书，立刻开始了日常正念练习。

尽管我正式练习不多，骄傲、信任、坚持与直觉等这些不断熟识的情绪，促使我与减压研究所的卡巴金博士取得联系——

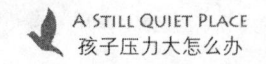

一次又一次。遵从"要厚脸皮"的练习原则，我请求参与正念减压疗法的综合练习。再次，命运因我坚持内心想法而奖励我。减压研究所调整了我的时间表，使我得以参加一半的现在为人熟知的"8周实习课"。我的实习老师不仅给我一个月时间来学习正念，还给我贷款，让我有钱来贴补学费！

1993年在东海岸，我度过了一个让人充满活力的十月。我全身心投入到正念学习和练习中，参加每一堂减压研究所提供的课。这些课是六个分开但连贯的正念减压练习第四等级的首批课。六个课程的参与者清晰地表明，虽然这些课程是为了打基础，但是每一个老师、每一个团队，每一分一秒，使得每一个课程都独一无二。

我开始在核心层面理解乔恩·卡巴金对我和我那些有望成为正念教师的同事们所说的话："你不能教授'我的'课程"。这其中的真正意思。比起重复标准的课程，基于个人练习和生活体验的教学需要更多的勇气、诚实和谦逊。我们的教学或练习方式：既尊重基础课程，又尊重我们自己的练习以及参与者的经历：会让我们自己和我们服务的那些人发生真正的转变。

回到加利福尼亚后，我抽时间参加了一整套完整的8周正念减压课程。之前的练习，减压研究所的一个月、8周的课程，打开了我的心灵和智慧之门，也让我想将正念与他人分享的想法更加强烈。在我实习的最后一年,带着热诚和执着,我设计了一个10万美元随机可控的实验,来评价正念练习不仅对个人受益,而且对凯撒圣克拉拉医院患有慢性疼痛和疾病的病人也有实际效果。第二年,我有幸成为了内科的主任医师。我接受聘任很大程度上是因为,这个职位可以让我在临床中传授几门正念减压课程。

幸运的是,坚持内心的想法为我带来了非凡的机遇,也锻炼了我的品性(至少有些方面)。如果不提这一点,即如果没有坚持内心的想法,我将很难改变自己运动员、医生、妻子与母亲的固有角色,我就是不负责任的。最初,我将正念运用到我的执业和个人生活中的想法,遭到了我实习期的老医生、我的朋友、家人、丈夫,以及我自己狭隘的思想的抵抗。但是,尽管存在这些挑战,我并没有放弃内心的想法,或者更准确地说,我意识到自己内心的想法并不会丢下我。

更多"哦,天哪"时刻

自从我开始和孩子们分享"安静的一角",我也有了更多的"哦,天哪"时刻。最不安的情况来自一位同事的话,"乔恩·卡巴金说,你不应该将正念教授给孩子们。"听到这句评论,我的脑中闪现了一次又一次的怀疑。我想要搞清楚卡巴金话语的

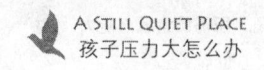

真正意思，开始重新阅读《每天的幸福》的章节"教室内的正念：在学校里了解自己"。在这一章里，乔恩和他的妻子马拉介绍了犹他州南约旦一位叫切莉·哈姆里克的教师将正念融入课堂上的情况，她在知名的摩门区的一所学校里教五年级。这一章的最后两个段落如下：

尽管有时会自然而然地应用到冥想，但那并不是说，作为父母我们应该传授给我们的孩子正式的冥想练习。在这些时候，可以从我们自己的体验与练习出发，可以建议我们的孩子清楚地意识、密切地注意他们痛苦的颜色，以及当他们伤害自己时，颜色是如何随着时间而变化，或向他们展示，如何在她们的呼吸波上"漂浮"，就像他们感到难过时，躺在一条小船上慢慢睡着，或者让他们回忆，在情感受伤时，他们的思想被别人的言行"扰动"的时刻。

从我们孩子以及他们在不同成长阶段表现出的兴趣中寻找线索，是一个好方法。最终，最好的教学方式是通过我们自身的示范，我们对当下的专注和敏感。当我们正式练习时，无论坐着还是躺下，我们都保持安静和静止。当孩子看到我们深度集中注意力时，就会开始熟悉这种练习方法。这样，来自正念练习的态度和眼光，就会渗透到家庭文化中，对我们的孩子产生影响。

在重读这一章之后,我的怀疑情绪有所减轻。我还没有着手将正念教给孩子。是内心的想法引导我来到了这里。这些自然而然出现的练习如情感、恶意思维——与乔恩和马拉提供的例子非常相似。至于切莉·哈姆里克的学生,那些分享了我的正念练习的孩子都有所获益。

对卡巴金故事的回顾,以及对自己内心想法的坚持,让我露出了笑容,变得更加坚定。我也愿意倾听并细心思考任何建议。迄今为止,我一直都是带着谨慎、真诚与勇气前行,用我自己与孩子们的经验指导自己,带领我前行。

回首过去,很清楚,是我内心的想法(傲慢、奉献、勇气、诚实与直觉)引导我运用正念减压的形式,将我所经历的认识通过正念练习与培训,带入到医学与教育领域。将这些练习提供给儿童,在我看来是最好的预防药物。对于我来说,辅导与正念都是为了:

☆ 生活在充溢的当下现实里

☆ 意识到自己习惯的思考、感受与反应模式

☆ 了解到"我"不仅限于我有限的思想、感受与反应。

☆ 发展对生活环境的机智与优雅的回应能力。

☆ 带着善意和同情心去对待自己和他人

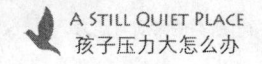

☆ 学会生活在意念中，即"安静的一角"中。

希望你也能在追随内心中找到快乐，和年轻人们一起分享"安静的一角"这份珍贵的礼物。

十三
提示及注意事项

在这一章内，我所展示的注意事项主要针对那些将"安静的一角"课程教授给个人、以及与群体工作的心理治疗师和教师。另外，我还会介绍一些警示作用的故事。最后，我会回顾教授这门课程的某些重要原则。

传授给个人的建议

记住，虽然现在练习是作为一门阶段性的课程来传授，但它最初创建时，只是为了满足学生、孩子和病人的日常要求。而且，当为诊所内的病人治疗时，我通常只选择课程中的一部分，同时编排适于他个人的全新练习。如果你是一位心理治疗师、教练、医护人员，或者带着一个孩子的单亲父母，你可以按照课程结构，按部就班地完成练习，但也可以调整课程，以满足你所帮助的人的需要。例如，如果你帮助的孩子有愤怒管理问题，你可能强调正念情感练习。基本情感理论，情感波动观察，回应而不是反应（第10章"选择不同的出口"）.如果一个客户很抑郁，你可以着重观察思维，重点关注恶意思维与善心。如果患有注意缺陷障碍或者小儿多动症，你可能要着重于呼吸练习、光束练习，注意思想游离的时间，通过这些练习来集中注意力。在最低限度上，我建议你给每个人提供静止和安静练习，并且指导他们观察思想、情感和身体感觉，再选择相应的行为。

对心理治疗师的建议

作为一名心理治疗师，你可能会发现本书的一些建议与你平常的治疗方式有些不同，因此感觉不舒服。请记住正念可能有治疗作用，但它与心理治疗不同，其中最重要的区别是正念是接纳事物，而非修正事物。如果你意识到你已经进入到修正模式，深呼吸，然后再次开始，将日程安排的善念与好奇心带入此刻："你感觉怎么样？""你能呼吸到那种感觉吗？""我注意到，当你描述情景时，我的身体和下巴开始收紧。你注意到你身体的变化了吗？"

提示及注意事项

在正念练习的最佳状态,它也需要山姆·希姆尔斯坦所称的"自我表露的技巧"或"保持真实"。他是我的朋友及同事,他将正念练习提供给高危及自闭儿童。分享是否有效取决于你自己示范的力量,无论是在现实层面,还是潜力层面。这意味着你要分享你自己练习的真实情况,包括你的不足、习惯反应,你后悔做过的事情,或者那些优雅明智的时候——比如你设法管住你的舌头,或以善良回复自己和他人。

例如,你可能说,"是的,有时就是这样。几天前我对一封邮件很生气。恰好我儿子进来,问了一个简单的问题,我把他大批了一顿。那就是反应。如果我能重来一次,我可能会说,"我现在很生气,这与你无关。一分钟之后我们再聊。"在这样自我披露之后,你可以问"如果你遇到这种情况,会作何反应?"就像克制修正的愿望一样,一些心理治疗师刚开始会发现自我披露很不舒服。运用你的正念练习,探究两种方法的不同引发的任何不适。

而且,正念需要承认我们所服务的对象是一个整体,而不是集中于诊断或困难。尽你最大的努力,在激动和压抑之外,去培养自然的安宁和平静。与你的客户讨论他们发生的好事、他们的热情、小胜利,帮助他们意识到他们不仅仅符合《美国精神障碍诊断手册》(第五版)上的标准。

最后,大部分心理治疗师都会与他们的客户保持严格的界

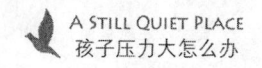

限，可能不愿意发送正念提醒，也不愿意与客户和小组成员开展课间交流。尽管两节课程之间的交流不是很重要，但它会帮助年轻人建立日常练习或接近日常练习的习惯。记住，正念与心理治疗不同，在建立多种正念练习方式的同时，承认这种差别，并继续相信自己。

区分正念与放松或可视化练习

辨别正念与放松和可视化的不同之处是重要的，尤其是对那些有心理治疗练习背景的人。很多人发现，当他们练习正念时，感觉更加放松和快乐。然而，正念不是关于放松或快乐的东西。正念的唯一"目标"是做真实的自己，无论是内在的还是外在的。如果一个青少年意识到自己在生气或者很害怕，这才是正念。

相反，放松有一个清晰的目标：放松下来。因此，如果由于一些误解，一个孩子认为正念的目标是放松，但他没有放松下来，他可能会感觉到自己"失败"了，或正念不起作用。

同样，可视化通常是关于到一个平静安详的地方，例如海滩。当和孩子与青少年分享正念时，运用可视形象是有帮助的。然而，必须说清楚，运用形象的目的是帮助年轻人与当下的经验完全相连（而不是思想到处游离）。当指导练习时，尽你最大的努力保证没有什么显性或隐性的目标。你运用的形象是让孩子们靠近此时此地的经验，而不是远离。比如，想象一只水獭裹在水草里，随着呼吸波上下摆动，吸气向上，呼气向下，感知吸气顶端和呼气气底端的静止和安静。该练习的有声版本"安静的一角：儿童正念"CD里找到。

对教师的建议

就像心理治疗师一样，很多教师也需要转变对正念练习的观念。如果你是一位教师，很可能你最初接受的练习是管理你的班级、写课程计划与授课。尽管这些宝贵技巧在向年轻人传递正念时也会有帮助，但他们也需要与觉知和应对此刻发生的事情保持平衡："喔，我注意到教室内有很多的能量。你注意到了吗？""今天，我正计划做一个身体扫描，我注意到关于自助餐厅改变的抱怨有很多。我们将改变计划，做情感练习，然后讨论对改变回应的方式。"

一个参加我的网络课程的英语老师，慷慨地分享了她教授英语和正念的不同之处。她专门在低收入的高危地区向高中生教授英语。她告诉学生，"我知道你将我视为你的英语老师麦克唐纳女士。接下来的几分钟，我们一起做正念练习，我叫卡伦。在我们的正念时间里，我可能会让你们做一些以前没在英

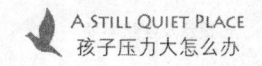

语课上发生的事情，如脱下你的鞋子，不用关注拼写与语法写东西……我相信你们理解其中的不同，不会利用这些无规则的优势。"即使她面对的这些孩子平常总是犯规，她说，大部分情况下，他们尊重这些差别，享受这种更放松、私人与随意的时刻。

教学与正念分享之间的另一个差异是传递内容与教学之间的不同。教育这个词来自拉丁语，是"开始与引出"的意思。尽管存在制度上的局限，但我认识的大部分老师都对教育充满热情。正念教育就是引出上文对心理治疗师建议过的本质整体与自然智慧。正念是一个灵活多变的过程，看起来更像是苏格拉底的研讨会，而不是一场演讲。它的目的是让学生带着善意和好奇心投入练习和活动，并最终投入生活。再次，卡伦灵活地抓住了这一点，她说："最有效率的正念教师在与学生的课堂互动中阐明正念练习，课文与实验室都是学生，也是他们的体验。

除此之外，将正念融入标准课程中的方法还有很多。在练习和练习中讨论的问题可以作为写作提示。在推荐书目中的很多文章，例如开放性文章《人鼠之间》，都阐明了正念的作用。学生们可以探究一位作家如何通过肢体语言、面部表情及话语来表达人物的思想与情感。他们可以从回应与反应的角度来考量人物的动作与情节。他们能够讨论或列举人物其他的选择，以及这些选择会如何改变故事的走向。

同样,在社会学的研究中,无论是历史事件,还是当前事件,都可以从回应与反应、选择与效果的角度来考量。蓬勃发展的科学正带着善意和好奇心探究物理世界。在数学、运动、美术以及其他学科中,学生们可以将注意力放在如何学习、实践的过程上。当在学习、做家庭作业、练习、彩排、休息、参加考试、表演和比赛时,他们可以关注自己注意力、思想、情感和内心的声音。从数学到社会研究,很多接受正念培训的教师通过一小段简短的练习开始每一堂课,几周过后,他们让学生自己来引导练习。很多老师都说他们有时会迟到或忘记练习,学生们就会提醒或自发组织练习。将正念应用到教室内外,能够强化学习氛围和同学关系,在某种程度上还可以防止停课、监禁或死亡等事故的发生。

带着关爱前行

要明白,尽管你手中拿着一本"完成的"书,但这门课程仍旧需要不断完善。它会是不断地使我快乐的,有时充满挑战性的,重新定义与我有幸服务的儿童的每时每刻的互动。因为正念是动态的、当前时刻的反应,所以,在互动的过程中不断调整正念的运用非常重要。

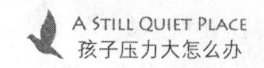

尽管书中我分享了一些经验、提示语及建议，但最终，你的教学方式来自你自己练习的深度。你必须能够掌控任何突发情况，软硬兼施地解决问题。在教育或心理疗法练习过程中，都会有某些孩子们经历下面的事情：被忽视、离婚、疾病、家庭成员的离世、家庭或社区暴力、从家园中被驱逐、战争、情感、身体或性侵害。不幸的是，某些时候这些经历是无可避免的。在这种情况下，我们需要发挥我们的能力，以真诚与同情的态度应对。即使是出于最好的目的，如果我们不恰当地揭露伤痛，也会造成无法解决的伤害。

你可能是心理治疗师，或者不是。不管你是否接受过培训，在与个人或集体分享练习经验之前，面对那些超出你能力范围的事情，寻求当地的帮助是非常重要的。如果你是教师或是将正念传授给学生（社区）的人，了解相关的机构政策、当地精神保健服务的可用性与局限性，与辅导员及社会精神保健资源建立有效沟通，都是非常重要的。如果你是一位心理治疗师，希望你能认识几位业务精干、值得信任的儿童及青少年精神病专家。如果没有，在开始课程之前，请建立这些关系。当问题出现后，最好能够全程陪伴孩子接受额外的治疗。说到"陪伴"，我指的是提供精神上、情感上，在某些情况下行动上的帮助，例如积极主动地带着学生去找辅导员、与他们的家长沟通、帮助他们预约心理治疗师等。

提示及注意事项

警示故事

一些本不应该发生的失误让我明白，当将正念减压疗法带到学校时，明确正念的世俗属性与普遍属性，积极寻求家长、老师和管理者的帮助非常重要。一两位困惑或害怕的家长会终止一个项目，一个对正念不接受的老师会严重影响学生的体验。下面是两个简短的例子。

家长误解

当我儿子在幼儿园的时候，他开始和他的同学分享正念。他的老师问我，是否可以每周一次为他的学生提供正念练习。我们达成一致，每周三早上进行十分钟的练习。同时，在学前班老师的要求下，我也和学前儿童分享正念练习。这两位老师与家长交流的方式截然不同。学前班的老师每天都会给家长发邮件，报告每日的进程。幼儿园的老师则每周给家里发通知，每周三早上的正念练习从未被包括在内。

同时，学前儿童对五彩玻璃珠非常着迷，可以用它们在浅颜色的板子上制作艺术图画，在整个教室创作蜿蜒的道路。他们对此的痴迷是我称之为宝石呼吸练习的灵感来源。在这项练习中，孩子们将五彩玻璃珠放在他们的腹部，感知它随着呼气与吸气上下浮动。学前儿童喜欢这个练习，我随后将这项练习

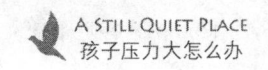

应用到幼儿园里。两个幼儿园的孩子回到家说，他们将"水晶"放在他们的腹部上。

两个孩子的妈妈很担忧，但还好的是，他们只请求园长让他们坐在课堂上旁听。在做完短暂的身体扫描和评论后，家长、园长和我有了短暂的交流。一位家长从她的宗教信仰出发，担忧正念练习。我尽力告诉她，我没有挑战任何人信仰的意图，只是教给孩子们一种集中注意力的方式而已。

然后我开始讨论正念给成年人带来的益处。我以这样一句话开始："研究也表明，正念改变了大脑内的活动。"一位母亲开始紧张，抓住我的胳膊说道："我不想改变我孩子的大脑！"我完全理解，从她的角度看，她的孩子正在接触的是她完全不理解的事情，她感到恐惧。如果我能说完那句话，我会说，"正念练习在积极的方面改善大脑活动，增加了与积极情感和快乐相关区域的活跃度。"

我当时有一种为传授正念辩护并列举事例的冲动，但我没有那样做。我选择了合气道的让位原则，而非反击。我的目的是让恐惧的力量消散。我同意，在园长与家长理解正念之后，我再向幼儿园的孩子传授。在那一年的春季，我受邀向感兴趣的包括园长与副园长在内的教职人员传授正念。在这节课的末尾，包括园长与副园长在内的大部分员工，都希望我能持续这项课程，直到年末。

教师的疑虑

第二个警示故事来自同一所学校，第二年。在校长与副校长的全力支持下，我受邀在返校日向家长介绍课程，并向两个五年级班级传授正念练习，每周在两个班级间轮换。两位班级老师都是首次接手五年级，接触新课程，但是，两个班级内的经历却完全不同。

在第一个班级，老师积极地参与进来，说，"我做小孩时做过同样的事情。我不知道它叫什么。"在第二间教室，老师的反应则更冷淡，直到期中，她才完全表达她的感受。尽管我已经感受到了她的情绪，但我不了解有多深。她告诉我，她讨厌我在教室内，她感觉到正念已经侵入到她的课堂中，而她想用 45 分钟来上课。她也感觉到，学校整体上都过于关注社交和情感话题、沟通、儿童压力与生活。她说，"当我还是孩子的时候，就直接应对压力。学校太小题大做了。"

两位老师的不同态度也反应在两个班级的练习效果上。在第一个班级，大多数孩子喜欢正念，觉得它很有帮助。在第二个班级里，很多孩子不喜欢或者并没有发现它有什么好处。那些喜欢正念的孩子私下告诉我，他们不愿在他们的老师面前表达他们的喜爱之情和受益的经历。

如果我能重新来过，我会对幼儿园的父母做一次课程介绍，我也会早一点察觉到老师的反感情绪。值得注意的是，在学校

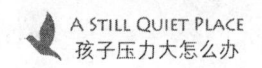

A STILL QUIET PLACE
孩子压力大怎么办

的第二年，这所北加利福尼亚的独立学校，在领导方式和理念上都有了一个转变"返回到他们的基督教根源"，并选择中断正念项目。我一直都想以一种让你感觉到可接受、有趣和安全的方式展示正念。我讲述这些故事，只是想表明，一旦我们引发了某人的恐惧，让他们陷入反抗，那再让他们理解正念的普遍自然属性和有案可查的益处就很困难了。因此，你要了解群体里最保守的声音。你从不知道底线在哪里，一旦你越界了，要再回去就很困难了，几乎不可能。

面对不情愿

一些孩子和青少年起初不想参加这个课程，尤其是那些得到很多别的帮助的孩子，比如心理疗法、言语疗法、家教、主要功能辅导等等。他们会觉得这仅仅是一项他们"必须"要做的事情。他们可能会把它当作一项阻止他们做他们真正喜欢做的事情，如运动、和朋友出去闲逛。接受他们的观点与情感是很重要的，同时要让他们知道，生活并不总是我们希望的样子，而且课程中有部分章节就是专门探讨处理生活中这样的时刻。要向他们表明，如果他们全身心参与的话，他们的新技能会让他们所喜爱的活动和生活更加平衡。一旦他们参加课程，鼓励他们观察是否能在课程中发现任何有价值的事情。如果在课程结束时，他们没有找到任何有价值的事情，他们可以选择忘记整件事情。

面对抵抗

请仔细阅读这一部分，给自己时间消化这些内容。在第4课，你将帮助参与者探索抵抗会如何增加他们的痛苦。在为讨论做准备时，我想要重申个人练习的话题——尤其是，当我们和年轻人分享正念时，如何应付出现的抵抗、厌恶和欲望。当我在会上发言，面对面或在网络课程中分享正念时，都会出现抵抗的话题。通常他们会问，"你如何面对那些对正念有抵触的儿童？"

对有抵触情绪的个人或团体，可以有成千上万种回应方式，口头上的或者其他形式的。我想提供一些指导性原则。首先，抵抗是人类经验中自然的部分。如果我们带着善意和好奇心观察它，说出它，并且不做任何评判，那将非常有益。通常说下列内容就足够了，"带着善意和好奇心，注意你是否正在认为，这是荒谬的或浪费时间。注意你是否正在选择不参与或扰乱你的同学。"

第二，参与者的抵触既不是个人行为，也不局限于正念。大部分被我们标上"抵抗"标签的青年人抵抗一切事物，直到

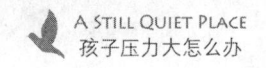

他们发现它们其实很有用。"抵抗"通常是他们发展中健康的部分，对于他们发现自己的独特之处，至关重要。不幸的是，许多年轻人都习惯了自以为是的成年人，总是倾向于直接反抗他们。为了摆脱那种习惯性反应，我经常说"不要相信我。不要相信我的话。自己试一下。看看你发现了什么。分享你的经历。可以不同意。"

指出抵抗，就事论事，不强化问题，不横加评判，这就是最有效的方法。但这是有难度的。通常，在问题"你如何面对抵抗的年轻人？"中包含着一个固有的矛盾，看看你是否能发现这个矛盾。

通常，在问题"你如何对待有抵抗情绪的年轻人？"之下，是一个提问者对年轻人抵抗隐性或显性的反抗，让它沦陷。再次，看看你是否能发现参与者的抵抗通常也包含提问者的反抗以及对参与者的反抗。

这个问题频繁地暗示，年轻人不应该抵抗，或针对年轻人的抵抗，指导者应该做一些事情。对我们最佳目的的歪曲是可以理解的。但是，我们选择将正念提供给青年人，是因为我们相信，科学也在表明，这些技能会让年轻人受益。在我们内心深处，我们想要他们参与其中。简而言之，我们想要他们"得到它"。当他们没有时，我们通过反抗他们的抵抗来产生痛苦。我们认为，"他们应该积极参与、满怀敬意"，或者"我应该更投入或更明确"。然后我们更用力，或者在内部或外部抓得更紧。然而，明智之举是用幽默化解抵抗（他们的和我们的）或放任自流。讽刺的是，惊人的转变可能发生在当我们开场白说，"你们有多少人正在想'这个女人疯了吧，我不听她的'，或者'正念是无用的？'如果你希望，你还可以加上"我完全懂"，或这"那只是个想法（微笑）"。

我们自己坚持不懈的练习让我们了解自己的抵抗、厌恶、欲望与评判。我们的练习帮助我们抓住"应该"的想法，感觉出现的愤怒、沮丧、判断和气愤。

当我被一些我称之为抵抗的评论或行为触发，继而开始评判时，感觉到一种内部的紧张，那是一种冰冷的、金属质的叮叮当当的声音，就像一扇重重地关上的铁门。这是非常独特的。当我意识到思想、情感与身体感知的异常感觉，我会尽自己最大的努力去呼吸，在"安静的一角"休息，让波动过去。通常，在此过程中，敏锐的洞察力随之而来，进而发现问题的根源，寻找到解决的办法。这种语言上的正念合气道——无论是和青年，还是和其他人在第 3 课的"游戏头脑"和"为什么是 F"的对话中有过阐明。在开头、中间与结尾，练习让我们的注意力集中于我们的思想、情感和身体感知，然后帮助我们采取合适的行为。

十四
同时向家长和儿童教授正念

该门课程也可以提供给儿童和他们的家长。在课程内容与形式相同的情况下，还需要教授一些别的技能，以及一些改动。我通常将儿童-家长课程提供给 12 岁及以下的孩子。对于青少年和家长，他们的大多压力来自于彼此的互动上，而且，当他们同处一室时，要他们说实话是艰难的。如果你想要和青少年及家长分享正念，我建议你和另外一个老师搭档，其中一个教授儿童，另一个教授父母。一旦两组在正念上达到了同样的娴熟，再将他们合到一起，共同探究家庭"黑洞"（问题情境与反应）和沟通困难。

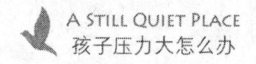

放下

当和儿童-家长小组分享正念时，有三个需要注意的动力。在社交场所，很多父母感觉自己有责任约束孩子的行为。（如果你是一位家长，你可以辨认自己的这种行为。）因为正念是接受事情的本来样子，而不是控制管理，我鼓励父母让我对孩子及他们在课程中的表现负责，并对他们的行为做出回应。我可能这样说，"作为家长，我们通常感觉到我们不得不修饰、校正、管理、控制我们孩子的行为，尤其是在一个全新的环境中。尽你最大的努力，看看你是否能在这 90 分钟里放下这些，让我指导、改变、设定界限、产生效果。如果我需要你的帮助，我会让你知道。"很多家长发现这既是挑战，也是解脱。父母关注孩子的习惯根深蒂固，他们很少有机会与孩子们在一起却无需对他们的行为负责。

家长重视效果

或许与家长和儿童一起工作最大的挑战是，很多家长都有自己的日程安排。这一点可以理解。一些家长让孩子报名正念练习，仅仅是因为他们相信这是一项有用的生活技能。然而，更多的父母替孩子报名，是希望正念会在某些特殊的地方让孩子受益。换句话说，正如成年人参加正念减压疗法，父母们经常也会让孩子报名参加，因为父母与孩子都会遭受一下问题的影响，比如多动症、焦虑症、抑郁症、身体疾病或压力引发的身体不适，如紧张性疼痛、偏头痛和胃痛。一些小学生的父母也急需治愈饮食紊乱、自残、药物滥用、冲动行为和自杀等持续自毁行为。

这些目的都是可以理解的。家长将他们的孩子送到课堂，完全是为了研究报告所提到的那些益处。然而，父母对结果是非常在意的。在斯坦福大学的父母-孩子研究的第一门课程的第三节课上，一位家长问到，"如果我的孩子不想来，怎么办？"基于她提问的方式以及我与这位母亲已有的互动，这个问题中的隐含意思是，她希望我们让孩子来参加。这是一项研究背景下的特殊课程，而研究不能中途退出。然而，我的反应是"正念是接受事情的本来样子，不强迫任何事情，因此强迫孩子来参与，与练习的目的背道而驰。"

这个问题促使我就课程形式向父母和孩子征求意见，以使课程对孩子更有吸引力。孩子们建议多运动，少说话。作为一个集体，我们一致同意这些建议会采用到接下来的课程中，但是不想继续参与的孩子也要再多上两次课；如果到时他们还是不想参加课程，他们可以不来。

在接下来和家长的讨论中，我分享了下面的想法：首先，

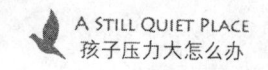

作为父母，我们在练习时要注意，我们是否想要孩子成为不一样的人，以及我们是否有日程安排。培养孩子的有用技能与改变或"修补"他们是截然不同的。一旦我们意识到我们真正的目的，我们就会对如何继续进行练习做出正确的选择。专注当下，陪伴孩子，即时给他们回应，也许比让他们参加正念练习更加重要。

第二，刚开始的两节课已经给儿童提供了"安静的一角"的体验及分享经验的词汇。在课程开始前，孩子们甚至不知道他们有"安静的一角"。在孩子们退出课程时，他们可能也发展了体察自己思想和情感的能力。或许体验"安静的一角"、学习体察他们的思想和情感，发展共同的家庭语言，对他们已经足够。

第三，将正念介绍给孩子和家长就像撒种子，它们最终会发芽开花。一个对正念不感兴趣的孩子，可能会把这一学习方式应用到 SAT 前六个月的备考中，或在大学里的特别困难期。（另外，现在很多大学正将正念练习提供给他们的学生。）

最后，我想提醒家长，尽管他们可能报名了某一个正念课程，但只有他们自己也进行正念练习，他们的孩子才能从中受益。事实上，研究表明，来自家长的压力大大影响了儿童的精神健康。如果家长通过正念练习减少了自己的压力，不但可以改善孩子的生活，也为孩子提供了一个证明正念练习价值的鲜活的案例。

我鼓励家长在日常生活课程中，"明目张胆"地在他们的孩子面前练习正念。例如，一位家长可能正在展示正念情感与反应练习，可以这样表达一种更强烈的正念："哇！那封来自你教练的邮件真让我烦躁。在我回复之前，我将花时间注意我的想法和情感，然后选择我要说什么。"

这些评论让家长想起，在第一节课上，他们中的很多人就觉得，他们参与正念课程，不仅为了他们的孩子，也是培养他们自己的耐心、善心、清晰、温柔与智慧。

独特的机遇与挑战

当运用第6课中提到的困难沟通练习方法应对儿童-家长小组时，我鼓励他们与一位非家庭成员或者非家庭的朋友合作，去分享困难家庭沟通问题。在这个过程中，奇迹发生了，这些事件依然是从孩子或父母的角度来看的，但是不是我的孩子或父母。参与者通常报告说，他们能够既简单又清晰地分享他们的情感、欲望和需求，也能够倾听且真正地理解他人的所感、所求和所需。所以，他们能带着善意和同情做出回应，而非出于习惯、恐惧、防卫或控制欲做出反应。

一般来说，对于这些麻烦问题，角色扮演比通常的沟通更为有效，其中的特点就是相互尊重和信任——这是正念沟通与

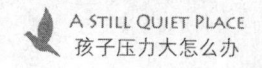

积极效果的重要内容。这种沟通在帮助家长避免长篇大套的协商的同时，能帮助孩子表达对于他们来说最重要的事情。这种角色扮演重点强调找到合适时间讨论问题并就如何处理问题在家人之间达成一致的益处。

适应

在上述提到的动态情景中，练习儿童-家长小组要在程序上做一些简单的调整。在儿童-家长小组的课程中，孩子和父母都会收到同样的家庭练习工具书和CD。参与者知道，如果一个孩子拿起一本"父母"工具书，或父母拿起一本"儿童"工具书，内容都是一样的。这是要强调我们是一个整体。在斯坦福大学，我喜欢和孩子们开玩笑，告诉他们"安静的一角"是大学里的第一门课程。

如果团体人数多，有20位以上的参与者，鼓励孩子成为首要的发言者，让家长承担第二位的角色，这样讨论就不会超出孩子静坐与倾听的极限。如果孩子们坐立不安，把他们带到户外去做运动练习，让家长留在室内讨论诸如"这一周内你注意到哪些微妙的情感？""你和孩子共同的"黑洞"是什么？"或者"你正在选择何种不同的出口？"的问题。

在家庭练习中，让家长选择一项额外的正念活动，可以让他们的孩子也参与其中——例如早上亲吻告别，放学后问候，或在午夜拥抱他们。在课堂最后 15 分钟，给父母提问时间，一起讨论将正念应用到为人父母中的乐趣与挑战。（记住，在这个时候，要对那些自己做得不像父母的时刻给予同情，同时鼓励父母集中注意力于此时此地，带着善意和好奇心，选择合适的行为，尤其是和孩子闹矛盾时。）父母很喜欢这个时候，常常超时，比他们的孩子还想留下来。

在这段时间里，孩子们可以将他们在"安静的一角"的经历画出来，或写成俳句或诗句，或做室内室外娱乐活动。室内与正念有关的活动包括捡木棍和层层叠，层层叠是一种游戏将积木搭到塔顶，然后每一个玩家交替从中间抽取一块积木并使其平衡地放到塔顶。

十五
最新的学术观点及研究

当你读到学术这一章节时,就把它当作正在读正念练习的过程。慢慢来,深呼吸,如果你注意到你的注意力已经游离,缓缓地转回到文字、书页和概念上来。

如介绍中提到的,在我儿子撒娇式的要求下,我开始和我的儿子分享正念。我开始欣赏年轻人在日常生活遇到的压力。他们对驾驭复杂世界的生活技能的渴望,常常通过不健康、有问题,甚至是破坏性的行为表现出来。看到很多成年人以及我自己的孩子,从正念练习中获益匪浅,使我跨步一跃,希望与其他的孩子和青少年一起分享。

关于执行功能、情商以及社交能力发展的研究,提供了越来越多的学术支持,增强了我和该领域内的其他先行者将这些

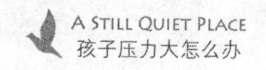

练习带给孩子的信心。这一章我将简短回顾这些相互依赖的研究，我认为它们都是重要的能力。结尾我们将回顾那些最新的研究证据，它们证明，正念会强化这些能力。

从重要能力与正念相互交错的角度出发，选择理解与同情行为的基础可概括如下：

☆ 停顿，即执行功能的阻碍，社交能力发展的冲动控制。

☆ 发展和利用情感的意识。

☆ 根据社会发展理论先行者们的观点，换位思考为攻击和移情行为提供了基础。

☆ 运用记忆激发道德原则与法规。

☆ 认知的灵活性——尤其是在不同观点之间的转换、考虑多重选择，然后采取行动。

讨论与观点的局限性

这项讨论绝不是无所不包的。我的目的只是提供一个简单的框架，以求理解正念的某些益处。在进入下一步之前，提及这些观念的局限性是重要的。关于执行功能与社会发展的研究大部分是针对 1 到 5 岁的儿童。在学前期内，如果有适当的帮助，儿童的这些能力会得到迅猛发展。虽然我曾给学龄前儿童提供过基础正念，但这本书的目标群体是学龄儿童。因此，你练习或玩耍的孩子将会带着——或因为——某些重大能力的缺陷来找你。这个框架的另一个局限是，直到最近，大部分研究都是分别单独考察每一种能力。试验室内针对评估执行功能、换位思考和社会发展的实验，非常特殊，且受到高度控制。操场上一场脚踢球比赛、教室内的团体项目，或朋友和家庭成员的一次炽热讨论，这里面多层次、交错的，情感驱动的复杂性，几乎都无法在实验中得到反映。

《执行功能与社会情感能力的提高》一文的作者提到过，"在促进社交技能和情感学习的干预方案里，执行功能的影响很少得到考虑"。我想补充，反过来也是正确的：直到最近，社会与情感对执行功能的影响也很少被提及。然而最近的研究表明，这些主要能力的发展以及他们时刻对行动的影响，都是错综复杂地交织在一起。

从历史的角度来看，当情感的角色被重视，它通常是处在情感"障碍"，情感"控制"，或情感"管制"的情景中。对于我来说，区分正念和其他社会情感课程的重要特点在于，正念是一种将善意与好奇心带入到思考、情感和行为习惯中的练习。因此，在正念的情景中，情感觉知、情商与情感反应的说法更加恰当。此处已经提及了一种不同，在接下来吸收这些观

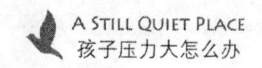

点时,我将运用执行功能、情感理论与社交能力发展领域里被认可的术语。

执行功能

先介绍一些定义。执行功能支持详细的、有目的的、以目标为导向的行为。执行功能的三个层次是抑制性控制、工作记忆与认知的灵活性。这些技能对于学习阅读、写作和解决数学问题、参与对话、游戏和团队合作等教育及社交活动至关重要。引用我称为"大脑构建"(正式标题是"建立大脑的'空中交通控制'系统:前期经验是如何影响执行功能的发展。"来自国家科学协会关注儿童发展问题分部,以及早期儿童政策与项目国家论坛)一文的观点,"儿童及青少年逐渐健全的执行功能,使他们能够以一种让他们成为好学生、'教室公民'和朋友的方式筹划和表现"。此处,我想补上好的家庭成员和世界公民。

下面关于执行功能内容的释义与解释来自阿黛尔·黛蒙德博士发表在《生命认知》(2006年版,第70至95页)期刊上的论文"大脑构建",以及标题为"执行功能的早期发展"的书本章节。

抑制控制

抑制控制，如"大脑构建"一文中解释的那样，是"我们用于掌控和过滤我们思想和冲动的技能，是为了我们能抵制诱惑、分心和习惯，使我们行动之前进行思考。"文章详细地表明，孩子运用这一技能够克服注意力不集中，专注在任务上，准备应对课堂被提问，以及阻止他们被误解时大吵大闹。

短期记忆

工作记忆是短时间掌握和操控信息的能力。它使孩子们能够记住信息，并将不同的信息联系在一起，进而解决数学难题，理解多步骤指南，参与社交互动，比如与朋友交流或做游戏。

认知灵活性

认知的灵活性是指适应变动的要求、优先事项或观点的能力。它让我们从一个全新的视角思考事情，"跳出方框来思考"，不同场景应用不同的规则，找到并纠正"错误"，根据获取的新信息及时改变进程。儿童运用这一能力学习语法规则的特例，运用多种策略解决数学或科学难题，或思考解决冲突的方法。

犹如在"大脑构建"的论文中提到的，整体而言，执行功能的三项内容为所有教育和社交活动提供了基础："缺少执行

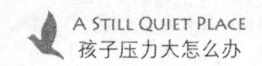

功能的孩子通常挣扎于学校规则和集体活动的复杂性，他们变得沮丧、暴躁、频繁地被孤立，进一步减少他们参与发展执行功能活动的机会"。

另外，如我们随后的研究展示的那样，与情商相结合，执行功能的三项内容为换位思考提供了基础，反过来会帮助形成移情、同情和利他主义等道德行为。

情感理论与情商

保罗·艾克曼在他的著作《情绪的解析》中对情感理论的简单回顾，为我们理解执行功能与情感的双向影响提供了基本的框架。艾克曼的研究表明，情感是自然的，服务于进化的目的。愤怒帮助我们克服障碍。恐惧他让我们探知危险并对此做出回应。悲伤促使部落的成员来安慰我们。幸福产生联系。

艾克曼继续解释说，身体与心灵直接作用，自动地评定环境，这种作用会使我们很难但并非不可能，可以改变我们对不同刺激的情感反应。重要的是，从执行功能来看，情感反应依靠我们大脑中更原始的部分，绕过了负责执行功能的前额叶皮层。因此，在情感的最高点——艾克曼称为不应期——执行功能基本不起作用。用更通俗的词汇表达，我们都体会过，当我们被某一种情感控制时（在不应期的最高点），我们失去了宏观眼光，不再吸收新信息，没法理解另一个人的观点，也无法创造性地解决问题。

艾克曼建议，尽管存在直接作用，我们对情感刺激依然可以做出回应，而非激烈的反应。这种可能性可在下列引文中发现：

为了调节自己的情绪化行为，尽可能控制自己的选择，我们就要了解，自己何时会变得情绪化，或者更好的是，知道自己何时正在变得情绪化。

了解自己的感觉，了解每种情绪出现时身体所做出的不同反应，同样有助于我们注意到情绪变化。

提高我们对情绪关注的一种方法，就是了解有关情绪刺激的知识……熟悉了情绪刺激，我们就更容易意识道，什么时候以及为什么，我们会有情绪反应。

目的不是消灭情感，而是在情绪反应时，我们有更多的回应方式。

就如你在这一章节中了解的，"安静的一角"课程清晰地讲授这些技能。第4课的情感练习，第5课的情感即兴练习，帮助年轻人意识到不同情感和身体之间的作用关系。第5课和第7课分别介绍的"黑洞"与不同的出口以及着迷练习，也增强了我们对情感刺激的觉知。

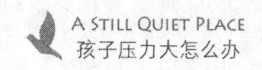

社交能力发展

现在，让我们考察执行功能与情商是怎样影响社会发展的三个主要部分：侵略、冲动、与道德行为。下面的大部分信息都直接或摘录自伊利诺·迈克比的书籍《社会发展：心理成长与亲子关系》（1980年版）。

当你阅读时，了解以下这一点是重要的：根据迈克比的观点，换位思考、理解一个人的行为与其他人的情绪状态之间的联系，奠定了移情和攻击的基础。在本书中，这一陈述可以概括如下：抑制控制会让一个人冷静下来。情商与工作记忆的结合会让她认识到自己和他人的情绪状态，然后思考与情绪有关的社交规则。认知的灵活性运用"情绪觉知"，激活工作记忆中的社交规则，让他灵活选择从同情到攻击等不同的行为。整个过程都在运用带有善意与好奇心的正念。

攻击

在社交能力发展理论中，攻击基于这一认识：一个人的行为会让他人感到压力。攻击被定义为一种指向特定个人的伤害或恐吓行为。"进攻代表一种复杂的行为模式，需要大量的加工——解读——其他人的情感和行为信息，以及自我与他人的联系"。在社交能力发展理论中，进攻被认为是一个发展阶段，自我依赖的一种形式，它比退缩到寻求成年人的保护或被动屈服于另一个人的意见要成熟，但相比自我防卫与自我抗议的非进攻型方式则不成熟。

迈克比说到，"四岁以上的孩子知道很多伤害别人的方法。一个孩子是否采取这些行动，取决于他是否选择这一方式"。她补充到，一个孩子是否采取非进攻方试，取决于他是否能够理解和分享他人的感情。"体验对他人积极的情感，也不想伤害他们"。这些动机必须与有效的社交技能相结合。随着时间推移，"孩子们将会学会如何发现每一个人想从他人身上得到的，以及为了彼此的利益应该如何做出让步"。

因此，迈克比的结论意味着我们需要进行停顿、移情和选择行为的技巧教育。如果你想得起来，本课程的第六课的困难沟通练习，就是帮助参与者练习这些特殊的技能。

冲动

在社交能力发展的背景下，冲动意味着缺乏控制能力。有控制能力的儿童展示出这些能力：推迟行动、集中注意力、排除外部不相关刺激，"管理"情绪状态（而非突然发怒），考虑将来的后果，寻找解决办法，在多个方案中做出选择，为执行计划搜集尽可能多的信息。

与大多数关于执行功能的文献相反，迈克比强调"管理"

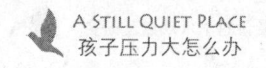

情绪在控制冲动中的作用。她说：

> 情感状态的管理在保持和发展儿童行为组织能力中，占有中心位置……儿童必须学会"控制"扰乱他们行为的情绪；他们必须学会应对那些组织他们即时满足需求或意愿的情况。

她继续说道，对沮丧的事件不要太生气，感到生气时也不要太激烈，这是儿童情绪发展的巨大进步。她的结论反映和支持了艾克曼的理论。重要的是，她总结到，儿童必须对它们的情绪保持"控制"，才能规划（选择）他们的行为。

换位思考和道德行为

在和年轻人分享"安静的一角"的过程中，我注意到，当年轻人情感的自我觉知能力提升时，他们对他人情感的觉知能力也随着增强。而且，困难沟通练习直接发展了对他人情感觉知的能力。有趣的是，如之前提到的，根据社交能力发展理论，对他人情感的觉知隐藏着攻击和同情两种行为。

最终，执行功能与情商相互依存的过程，构成了换位思考以及伦理、道德、移情、同情和利他行为的基础。在执行功能的背景下，道德可以被视为用社交规则管理行为；这些规则保持在长期记忆中，并在工作记忆中被激活。如迈克比描述的那样，大部分社会在安全、攻击控制、说实话、履行诺言、自强、工作、尊重权威等方面都制定了规则。这些规则为社会背景下的个人行为提供了规范。通常，个人福利与作为整体的社会福利，取决于那些遵守共同规则与契约的人。

根据迈克比所说，"一个在道德上社会化的孩子，已经学会了解决个人利益与他人利益的冲突"。一个孩子"道德判断的发展，需要对他人的情绪、欲望与需求有不断深入的理解"。为了解决冲突，"一个道德正派的人必须能够站在他人的角度思考"。最终，换位思考强化了儿童有效交流及与人合作的能力。

通过进行设计实验，例如让孩子们从另一个人的角度描述风景，或给蒙住眼睛的同伴提供指导，研究者已经按时间顺序总结了典型的换位思考（用执行功能术语，称为"思维理论"）的发展历程。在这儿我还是要提醒，与很多高情绪投入的日常互动相比，实验设计必须在情感上是中立的。这些中性的实验已经表明，二年级学生能够理解他人的观点与自己的是不同的；我们还可以看到，从7岁到16岁，他们在发现差别，并在沟通中运用这些发现的能力取得了巨大的进步。

迈克比提到，发展完善的智力（按照她的说法，是"执行功能"）看似必要，但对于成熟的道德行为来说还不够。另外，迈克比强调，儿童的道德发展体现在没有外人监督的情况下，

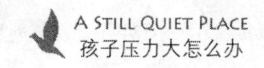

依然能够控制自己的行为。（这个原则在第6课"校长的教学故事"中已经介绍了。）

同情行为与利他主义

同情行为与利他主义或许是道德行为的最高形式。如之前提到的，迈克比认为，换位思考暗含了从进攻到利他主义的行为。她总结到：

行为与思考上的道德成熟可用下列方法强化：

1、构建儿童的换位思考能力，会帮助他们明白，他们自己的行为怎样被别人体验，从而考虑他人的需求、情况和期待。

2、培养孩子的移情，使理解和分享情绪成为可能。

3、让孩子们能够合理控制自己的行为，向他们强调他们有这种控制能力。

最终她的观察支持了这一假设，同情行为取决于执行功能与情商两重因素，因为它们有助于换位思考和做出选择。

相互依存的能力

运用大脑图像、基因作图以及分子分析等高科技的研究证明，执行功能、情感和社交能力具有相互依存的关系。一篇标题为"预防和干预的生物过程：为预防学业失败促进自我调节"的论文提到，学龄前儿童的执行功能与情感的激发呈反相关。作者强调，"自我调节的发展可以看作是情绪激发过程与认知控制过程的平衡或相互作用"。这篇论文指出，基因变化对执行功能有复杂的影响，它决定了神经素多巴胺从前额皮质分离的速度。而且，他们引用另一项研究表明，大脑中被称为前扣带皮层的特殊区域，在连接与平衡情情绪反应与认知控制中，发挥了重要作用。

关于青少年功能性磁共振成像的相关研究，为情绪会干预注意力的观点提供了进一步的支持。大脑成像研究辨别出，注意和情绪运作具有不同的神经网络。这项研究表明，认知调节与情绪调节的分开网络在神经层面相互影响。因此，我们现在有大脑成像的证据表明，当一个儿童或青少年（或成年）情绪上被激发，在反应期间，他很难充分运用自己的执行功能！

执行功能直接影响儿童的社会情感发展，这个推论已经得到越来越多的研究支持。这些研究表明，执行功能是思维理论或换位思考的前提，如迈克比所阐明的，也是移情行为的基础。因此，如正念这样的干预，在提高执行功能的同时，也会强化情商、鼓励换位思考，并且，强调选择很可能会促进移情行为。

当这一章的焦点放在社交与情感发展上，我们也必须明白，

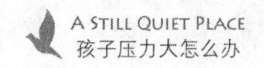

执行功能（最好与情商相结合）也会强化理论思维的发展。"头脑构建"强调，提供执行功能的干预对理论思维的发展有益："当前研究表明，相比智商或阅读或数学能力，自我调节——通常称为执行功能——与学术成就有更紧密的联系"。

一篇标题为"预防与干预的生物过程：以防止学业失败为目的提高自我调节的能力"的论文提到，"思考儿童发展自我调节能力的广度和深度，会帮助我们建立一个自我调节的干预框架，从而防止学业失败"。因此，尽管对正念对理论能力发展的影响还没有更严谨的研究评估，但关于执行功能的研究表明，理论思维——就像社会情感——会获得潜在的收益

在进入青年正念练习的益处研究之前，我想再次提醒大家，对于我来说，将正念与其他社会情感学习课程区分开的一点是，对自己和他人充满善良和好奇心的态度。

儿童正念益处研究

上文借由最新研究成果展现的综合框架，帮助我们理解正念练习的益处。对于那些没有科学研究背景的人来说，本节将提供一个更加简化的概览。两份文件深刻地涵盖了大部分研究内容："将正念练习融入小学和中学教育：培养教师和学生的弹性"以及"美国公共广播公司教师指南"。两份文件可分别

最新的学术观点及研究

在网站 www.stillquietplace.com 研究、媒体一栏的资源里下载。当你致力于为你的学校、诊所、医院或社会建立正念项目时,复印这些文章给决策者极有帮助。然而,因为很多决策者事务繁忙、压力大,可能不会阅读这么长的文章。在附件 B 中,你可以找到写给校长的信件样例,在一页纸上总结出正念对青少年的益处。

医学一直以来都建立在证据之上。教育和心理疗法也越来越实证化。当你了解、推进或实施青少年正念项目时,要理解各个研究设计和结论的优缺点。一个有效的研究计划的黄金法则有三个要素:随机的控制实验要在大量参与者中进行,运用有效的个人报告和客观措施,以及长期的跟踪调查。

青少年正念研究还处于萌芽阶段。时至今日,没有研究能满足所有黄金法则的标准。幸运的是,目前我们已经取得了可喜的成果,该领域的研究也在不断地向前发展。下面关于儿童和青少年初始阶段的正念研究,按照科学的严谨性由强到弱排列。然而,该部分很快就会过时。最新信息请登录我的个人网站 www.stillquietplace.com。

在上述讨论的背景下,我邀请你思考下列数据,鼓励你用正念的方式阅读——呼吸,放慢,当你发现你的注意力游离,慢慢地再回到这一部分,回到你正在阅读的句子上。

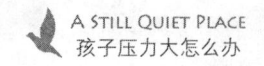

幼儿

在为期 12 周的正念认知疗法干预研究中，25 个 9 到 12 岁临床实验的儿童体验到注意力的明显改观；之前的测试中有抑郁问题的也大大减轻。家长也表示，行为与愤怒管理方面的问题也有所减轻。

在一项试点研究中，研究人员在威斯康辛州麦迪逊公立学校用 24 个六年级学生与 28 个五年级学生做对照试验。五年级学生接受正念学习呼吸课程。他们主要说西班牙语。从数据上来看，在一项空间工作记忆的端脑任务中，学习呼吸课程的学生在策略运用与错误率方面都更加占优势。学习呼吸课程的学生也表示，抑郁与焦虑的症状减轻了，项目完成之后内在的控制力也增强了。

来自老师的定性报告表明，学习呼吸的学生注意力更集中，更能处理好压力情景。该报告还指出了学生在社交能力上的提高，着重提到学生已经学会停留，并且"承认他们的思想和情感——这是将学习呼吸课程从大多数社交技能项目中分离出来的特点"。学生们能够更充分地意识到有益和无益的思想和行为。教室内的环境更加放松，压力更少。总体上来看，正念练习对课堂氛围和每个学生的压力都有很强的影响。

四到六年级学生及父母的候补控制研究是我与斯坦福大学心理学系共同合作完成的，研究表明，参与为期 8 周共 75 分钟正念练习的 31 个孩子的焦虑症状已经减轻。而且，他们写的自述表明，他们体验到了情感反应的减少、注意力的集中和应对挑战的能力。

在候补控制研究中，6 个小学班级接受了四项正念教育练习：平伏心灵、集中注意（感知、思想和情感的正念），管理消极情感与思想，认可自我与他人。它们都在教室里进行，由老师传授。在 ME 班级的学生报告称，它们变得更加积极乐观，但是在自我概念与情感方面没有提高。教师报告称，教师标注的行为与社交能力都有所提高。

在 32 个 2、3 年级学生的随机试验中，学生们每周参加两次持续 30 分钟的正念觉知练习，共持续八周。加利福尼亚大学洛杉矶分校正念觉知研究中心的丽莎·弗卢克（Lisa Flook）博士和他的同事发现，执行功能差的孩子在行为调节、元认知、整体控制方面都有所进步。分析也表明，特殊执行功能如注意力转变、监测和激发都得到了改善。这些结果表明，正念觉知练习会让执行功能差的儿童受益。

在玛瑞尔·拿坡里博士的随机试验中，194 名 1、2、3 年纪的学生参与两周 12 节课的正念放松练习，结果表明，他们的注意力和社交技能都得到了提高，焦虑和多动症的症状也减轻。（注意：多动症症状的缓解可以理解为执行功能的增强）

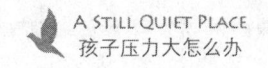

在奥克兰犯罪高发区进行的 915 名小学生正念练习随机调查中，研究人员发现，4 小时的正念练习过后，学生集中注意力和自我稳定的能力都得到增强，关心他人，克制自我的意识也得到了提高。

青少年

在一项向多动症青少年和成年群体提供正念练习和心理教育的可行性研究中，研究人员发现，他们在主动报告症状、焦虑、抑郁和工作记忆等方面都有所改善。

在一所私人寄宿学校针对 32 名有学习障碍的青少年展开的研究中，参与者每一节课开始的 5 到 10 分钟由老师带领进行正念冥想，每周 5 天，连续 5 周。学生的自我报告显示，他们的焦虑症状有真正的（长期的）、特别的（短期的）缓解。教师的评定也表明，学生的社交技能和成绩都有所提高，问题行为则有所减少。

一项将正念认知疗法运用于 14 名 11 到 18 岁的青少年的研究表明，他们在保持注意力、自我报告行为、个人目标、主观幸福感、正念觉知等方面都有所提高。

在一项针对 33 名 13 到 21 岁城镇青年的为期 9 周的正念减压项目研究中，79% 的人参与了大多数课程，被认为是"课程完成者"。在这些课程完成者中，全部是非裔美国人，其中11名患有艾滋，77%是女性。定量数据表明，学习正念减压课程后，参与者在敌意、一般不适和情感不适方面都有所减轻。定性数据表明，他们在人际关系（包括冲突减少）、学习成绩、身体素质，以及减少压力等方面也有明显的改观。与感染艾滋病的亚群体的面访数据表明，他们在态度、行为和自我保护（包括坚持药物）、减少反应方面都有所改善，所有的参与者也表示，他们在不同层次上，都体会到了不一样的感觉。

研究者对55名13到19岁药物滥用青年，进行第6节课里所说的正念减压、失眠治疗、认知疗法等干预后，结果表明，他们的失眠症状得到缓解，焦虑和压力也减少了。

与30个控制组的学生做比较，120个参与正念呼吸练习的高中女孩发现，她们的负面情感、疲倦感和疼痛感都有所减轻，情绪调节、心理平静、自我放松和自我接纳的水平则得到提高。他们更容易辨识并说出自己的情绪。他们报告说，对于他们最好的帮助是让他们放下抑郁的情绪。

在102个青少年为期8周2个小时的正念课程的随机控制试验中，青少年报告说，他们的压力明显减轻了；焦虑、抑郁、躯体（身体）痛苦和人际关系问题都有所减轻。自尊心和睡眠质量都得到了提高。独立临床医生发现，他们的症状有大幅度地改善，相比对照组，正念练习组的功能整体评价的分数大幅

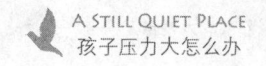

提高。用外行的话说，意思就是那些最初被临床诊断患有抑郁和焦虑的青少年不再符合抑郁与焦虑的临床标准了。进一步分析发现，从数据上看，参与者的正念水平有很大的提升，这无疑与精神的积极变化有很大的关系。

在比利时弗兰德斯400名5年级的学生的随机控制实验开始前，正念组合（21%）与控制组合（24%）报告抑郁的学生比例相似。在为期8周100分钟的正念课程中，有抑郁症状的学生数量在正念组与控制组的比例分别是15%与27%。6个月之后，差距仍旧存在，两组的比例分别是16%与31%。这一结果表明，正念会导致与抑郁有关的症状的减轻，而且能够保证日后不复发。

谨慎乐观

上述结果是鼓舞人心的，但也要指出，大部分研究涉及的参与者数量较少，运用方法不够客观，跟踪调查有限。因此，在认识到这些研究表明正念练习能够强化执行功能、情商、社交能力发展、同情行为的同时，我们也不能过分夸大这些结果。为了评定该项目的全部效果，我们需要更大规模的随机控制实验，运用有效的主、客观方法，以及长期跟踪调查。同时，当前数据为接下来的研究提供了坚实的基础。正念的益处是不

最新的学术观点及研究

断变化和很难——如果可能——量化的,尤其是对于孩子和青少年,记住这一点同样重要。例如,我们能真正的量化我们体验——甚至片刻——安静祥和的益处吗?

附录 A
展示或宣传正念

就像在这本书的基础章节提到的,当向学校和其他组织推荐这一项目时,一定要强调正念的世俗性与普遍性,并清晰地展示正念会如何满足孩子和社会的需要。在财政吃紧的时代,大部分学校、医院、诊所、社区中心和宗教组织都在寻找高效节约的方法,来提高他们所服务的年轻人的生活。

学校正在力求提高学生的注意力,解决其社交和情感需求,让他们能按时到校,努力学习。医院和诊所力求帮助病人和患者减少由身体、精神及情感造成的痛苦。社区中心对提供给参与者生活技能,帮助他们做出明智选择非常感兴趣。宗教团体想要提供给年轻成员相同的技能,通常发现正念会强化和支持他们的服务。运动教练以及艺术、音乐和剧院的负责人也承认正念会减少焦虑，增强表现力。

当你展示或宣传这个项目时，记住大多数决策者工作繁忙、报酬过低、不得赏识——换句话说，压力大又缺时间。因此，提供一页信的说明更有帮助。如下所示，简明扼要地介绍已被证实的正念的益处。自由运用下面的信件模板，同时适应你自己的情景。把简短的信件，以及"将正念融合到小学初中的教育"或"美国公共广播电台教师指南"的复印件给决策者，都是有帮助的。这些文件可在我的网站 www.stillquietplace.com 的"研究"与"出版"栏目下的"资源"项中下载。

如果你正致力于将正念带入到一个特殊情景中，你很可能已经与一个或多个人有联系。然而，如果你想要让孩子有更好的机会收获练习的益处，促进项目的发展，一定要创造机会，让管理者、职员、父母创造机会体验正念，提出问题，消除他们的疑惑。

保险

如果你正在非日常工作场所工作，没有任何保险，至少买一份一般责任保险。很多学校要求你的责任保险中所包含的条款，要覆盖教学过程中出现的任何事件。

收费和资金

设定课后、医院、诊所或社区项目的费用时,我建议你熟悉当地的市场,根据相似时长其它服务的价格评估你的项目收费,如8周的国际象棋或意大利烹饪。我的政策是,我总是提供有限额度的奖学金。那些需要奖学金的学生要提供基本的金融信息,包括家庭年收入、家庭成员、任何有说服力的理由,比如累积的教育债务、长期失业、自愿服务或在极其恶劣的环境中工作、家庭成员疾病或死亡、高额的法律程序费用,等等。

在我们的社会中,金钱交易常常关乎我们如何一事物的价值,即使支付一小部分,也会让人们珍视他们所收到的东西。因此,除了在服务不到位的情况下,我都会让人们支付一些钱,即使是5元的材料费。那就是说,有很多情况我都是免费教学;我甚至提供给孩子们廉价的CD光盘,知道光盘可能一去不复返,并对此保持淡然。相反,如果我的教学是在非常富足的情况下开展,我会改变比率。这种"罗宾汉"的方法会让我在更广泛的场景中展开服务。

在决定你的价格时,考虑你的费用——包括燃气、房租、材料及看护费,设定一个合理的小时收费,让你能支付房租,购买日常用品。尽最大的努力在贪婪与低估你的服务之间保持平衡。

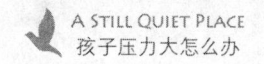

同意

当我在我的医学办公室将正念教授给患者时,家长和患者要填写一份全面的同意表,家长要对此合约表示接受。当我练习团体时,每一位参与者只需完成一份简单的表格,父母表示接受。简单的同意表的复印件在本附录后面可看到。

很多学校认为课堂正念是他们课程的一部分,如数学或语文,无须获得同意。在这种情况下,我对孩子的信息都来自课堂上他们所分享的内容以及老师所提供的观察。一些学校认为,正念更像是防毒酒教育,或性教育,需要征求家长的同意。在这种情况下,我才会用同意表。如果你在研究领域工作,你知道任何正式的研究都要被机构审查委员会允许。当在研究领域提供"安静的一角"课程时,我共事的团队要求得到家长与孩子的双重同意。如果你没有开展研究的正式练习,且想要收集关于正念效果的数据,我强烈建议你与一位大学附属研究团队的人一起研究,他可以指导你使用正确的研究方法,运用相关工具,以及分析研究数据。

坚持的价值

要明白,如果你正致力于将正念带入了一个新的环境,可能需要花时间进行合作的沟通，对话，在细节上达成一致，让团体熟悉服务内容，以及登记参与者。如果过程很慢，不要气馁。一般都会这样。我已经让"确定"的事件失败，结果丧失的机会又重新出现。如乔·卡巴金曾说的，"在提供正念时会很麻烦"。记住正念中心曾是减压研究所，并以医院为基地。当我在那里培训时，我与乔、萨卡和其他老师常常将席子与垫子从一个地方搬到另一个地方。今天仍是这样。所以要享受那种"麻烦"！

写给决策者的一页信的模板

尊敬的格雷女士，

您好！很高兴上午能与您交流，我很期待能与胡佛学校学生分享正念。就如我们讨论的，下面是对正念练习的已证实的益处的一个简短总结。附件是对这些益处的更详细的介绍。

研究表明接受正念练习的儿童会获得下列益处：

☆ 提高注意力

☆ 增强执行功能（工作记忆、计划、组织和冲动控制）

☆ 减少多动症行为——尤其是极度活跃和冲动

☆ 减少行为和愤怒管理问题

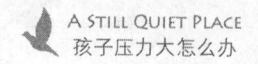

☆ 增强情感调节

☆ 增强自我调节

☆ 增强社交技能和社会适应

☆ 增强对他人的关爱

☆ 减弱消极影响或消极情绪

☆ 减少一般焦虑和特殊的考试焦虑

☆ 减少抑郁

☆ 增强冷静、放松和自我接受感

☆ 增强自尊

☆ 提高睡眠质量

如果您或者委员会成员有任何问题，请让我知道。

8至11岁儿童宣传单样例

日常生活正念练习

学习如何集中注意力

提高你的学业成绩和测试结果

运动表现

创造力

人际关系

在为期8周的课程中,你会学习到一种特殊的方式,将你的注意力集中在你的呼吸、身体、思想、情感与你周围的世界。这种集中注意力的作用是非常强大的,因为当你能观察你的思想和情感时,你就能控制你说什么以及怎么做。控制言行能够改善你的生活。参与过这门课程的儿童发现,它可以帮助他们拉近与朋友、父母、兄弟姐妹的关系,提高学业、体育运动和其他活动的成绩。

  超过25年的研究已经证明,正念能提高注意力与专注度;减少压力、焦虑与抑郁;改善身体状态。很多专业运动员、艺术家、音乐家、商人、教师、卫生保健人士、律师和军队人员都在运用正念改善他们的表现。

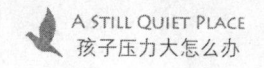

附录 B 课程大纲

课程	内容	目的	练习
介绍	仅针对父母 正念饮食 数据回顾 课程的基本理论 承诺 问题	提供一次正念体验； 回顾儿童和青少年的数据，成年人精选数据； 回顾将正念减压疗法提供给儿童的基本理论； 讨论课程结构和时间安排； 回答问题；	
第 1 课	正念听力（音叉） 正念介绍 集体协议与课堂规范 个人介绍 正念饮食 呼吸练习：宝石 / 财宝 / 休息 介绍"安静的一角" 正念释义——集中注意力于此地此刻，满怀善意和好奇心，选择合适的行为 日常练习——正念刷牙和正念听力（音叉）	营造安全好客的氛围； 向彼此介绍参与者及"安静的一角" / 正念； 提供一项体验以及安静一角 / 正念的实用性解释； 日常生活中的正念事例（非正式练习）；	宝石 / 财宝 练习 休息 刷牙

322

续表

课程	内容	目的	练习
第 2 课	复习第 1 课内容与家庭练习体验 讨论练习障碍，找到解决办法 海草运动练习 宝石/财宝/休息 愉快事件练习 探查我们的注意力停留在过去和将来的频率 日常生活练习——正念系鞋带练习 回答问题 鼓励家庭练习	探究 CD 体验和日常生活体验； 帮助孩子通过 CD 建立日常练习；	宝石/财宝练习 休息 系鞋带
第 3 课	复习第 2 课的内容体验家庭练习； 动作圆圈移动练习； 气泡/想法练习； 介绍非友善思维的概念（尖酸的内部对话）； 九点；	讨论 CD 体验和日常生活练习； 培养观察思想的能力； 9 点； 观念——我们如何看待自己和他人； 经历困难任务时的想法； 介绍非友善思维的概念（尖酸的内部对话）；	宝石/财宝练习 休息 刷牙

323

续表

课程	内容	目的	练习
第4课	复习第3课的内容体验家庭练习； 不愉快事件； 痛苦=疼痛 x 抵抗； 手指瑜伽练习 正念舞会 情感正念 讨论课程的中点，投入练习新时刻； 日常正念练习——正念洗澡；	查看与不愉快事件有关的想法与情感； 等待事情变得不同； 查看他人玩或想要环境，我们自己和他人变得不同的欲望如何产生沮丧与痛苦； 发展情感流畅	情感； 俳句/诗歌/艺术表达情感； 熟识 S=P×R； 观察我们如何产生痛苦； 洗澡
第5课	复习第4课内容体验家庭练习； 情感理论与提高 五短扁自传 瑜伽	介绍基础的情感理论； 探究"出口"、"黑洞"与"不同的出口"； 运用"黑洞"和不同的出口未讨论反应 VS 回应； 瑜伽 自我谈话/自我同情； 动态平衡； 探究不友善行为不准确/消极/找麻烦的频率	山川/伸展与平衡； 注意"黑洞"与"不同的出口" 持续注意非友善思维

324

附录 B

续表

课程	内容	目的	练习
第 5 周假期	学校时间表一般都包含假期,虽然不总是能实现,但最好在第 4 课结束之后学生情绪有些高涨时,安排假期。	在没有每周课程支持的情况下保持练习	每天轮流进行情绪和其它项目中的一项进行练习;注意"黑洞"(困难情景)与练习选择"不同出口"(反应);
第 6 课	讨论陷入和走出"黑洞";组对交流练习(一个人描述困难交流,另一个人倾听与反馈,然后角色互换)行走;介绍善心的可能性最为对非友善思维的对抗手段;	持续发展回应而非反应的能力;将注意力带入到体内;增强观察思想和情感的能力;练习在困难沟通时运用正念;将我们的正念带入到介绍善心的世界;	交替进行身体扫描 / 存在身体里,步行;梭罗 / 自然行走;练习(带着善心)回应非友善思维和困难情景;

325

续表

课程	内容	目的	练习
第7课	分享回应的事例,角色扮演当学生反馈时做出新的反应; 合气道; 善心; ABC、STAR 以及 PEACE 练习; 讨论下一周的课程是最后一次课; 要求学生在最后一次课时带来一样能代表他们课程体验的东西;	持续发展回应(带着善意)而非反应的能力; 介绍善心练习作为发展善心的一项持续练习;	持续对非友善思维和困难情景做出反应(带着善心);
第8课	讨论善心练习体验; 小组选择; 给朋友的一封信; 完成/开端; 自己独立做练习;	讨论发出和接受爱的能力; 分享课程的意义; 讨论他们能独立练习的方式; 讨论课程的完成; 提醒他们如有问题,可以打电话或发送邮件;	你的选择; 静坐/光束; 关于你打算如何持续运用 CD 以及做日常家庭练习做一份承诺;

需要着重强调的是：你自己坚实的个人练习是将正念提供给他人的重要前提。

尽管没有被列出，为了保存空间。任何以课程2开始的练习，从正念听力练习开始，然后是正念饮食练习。

注意参与者对运动的自然需求是重要的。

在讨论中，运用孩子的真实生活经历来展示，如何在日常生活中应用正念：考试焦虑、操场互动、与兄弟姐妹之间的分歧，爱情破裂……

参考文献

Bach, Richard. 1977. *Illusions: The Adventures of a Reluctant Messiah.* New York: Dell Publishing.

Bakoula, C., Kolaitis, G., Veltsista, A., Gika, A, & Chrousos, G. (2009). Parental stress affects the emotions and behaviour of children up to adolescence: A Greek prospective, longitudinal study." *Stress*, 12(6), 486–498. doi: 10.3109/10253890802645041.

Beauchemin, J., Hutchins, T. L., & Patterson, F. (2008). Mindfulness meditation may lessen anxiety, promote social skills, and improve academic performance among adolescents with learning disabilities. *Complementary Health Practice Review*, 13(1), 34–45. doi:10.1177/1533210107311624.

Biegel, G.,Brown,K.,Shapiro,S.&Schubert,C.(2009). Mindfulness-based stress reduction for the treatment of adolescent psychiatric outpatients: a randomized clinical trial. *Journal of Consulting and Clinical Psychology*, 77(5), 855–866.

Blackwell, L. S., Trzesniewski, K. H., & Dweck, C. S. (2007). Implicit theories of intelligence predict achievement across an adolescent transition: a longitudinal study and an intervention. *Child Development*, 78(1), 246–263.

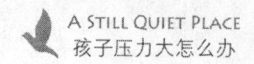

Blair, C., & Diamond, A. (2008). Biological processes in prevention and intervention: the promotion of self- regulation as a means of preventing school failure. *Development and Psychopathology*, 20(3), 899–911.

Bögels, S., Hoogstad, B., van Dun, L., de Schutter, S., & Restifo, K. (2008). Mindfulness training for adolescents with externalising disorders and their parents. *Behavioural and Cognitive Psychotherapy*, 36(2), 193–209. doi:10.1017/S1352465808004190.

Bootzin, R. R., & Stevens, S. J. (2005). Adolescents, substance abuse, and the treatment of insomnia and daytime sleepiness. *Clinical Psychology Review*, 25(5), 629–644.

Broderick, P.C.,and Metz, S. (2009). Learning to BREATHE: A pilot trial of a mindfulness curriculum for adolescents. *Advances in School Mental Health Promotion*, 2(1), 35–46.

Brown, K., West, A., Loverich, T., and Biegel, G. (2011). Assessing adolescent mindfulness: Validation of an adapted Mindful Attention Awareness Scale in adolescent normative and psychiatric populations. *Psychological Assessment*, 23(4), 1023-1033.

Center on the Developing Child at Harvard University. (2011). Building the brain's "air traffic control" system: how early experiences shape the development of executive function. (Working Paper No. 11.) Retrieved from http://www.developingchild.harvard.edu.

Crone, E. (2009). Executive functions in adolescence: inferences from brain and behavior. *Developmental Science*, 12(6), 825–830.

Davidson, R., Kabat-Zinn, J., Schumacher, J., Rosenkranz, M., Muller, D., Santorelli, S. F., Urbanowski, F., Harrington, A., Bonus, K., & Sheridan, J. F. (2003). Alterations in brain and immune function produced by mindfulness meditation. *Psychosomatic Medicine*, 65(4), 564–570.

Diamond, A. 2006. The early development of executive functions.

In E. Bialystok & F. I. M. Craik (Eds.), *Lifespan Cognitions: Mechanisms of Change*. New York: Oxford University Press.

Ekman, Paul. (2003). *Emotions Revealed: Recognizing Faces and Feelings to Improve Communication and Emotional Life*. New York: Henry Holt and Company.

Evans, G. W., & Schamberg, M. A. 2009. Childhood poverty, chronic stress, and adult working memory. *Proceedings of the National Academy of Sciences*, 106(16), 6545–6549.

Flook, L., Smalley, S. L., Kitil, M. J., Galla, B. M., Greenland, S. K., Locke, J., Ishijima, E., & Kasari, C. (2010). Effects of mindful awareness practices on executive functions in elementary school children. *Journal of Applied School Psychology*, 26(1), 70–95.

Garofalo, M. (2008, March 8). A victim treats his mugger right. In NPR (Producer), *Weekend Morning Edition*. Retrieved from http://www.npr.org/2008/03/28/89164759/a-victim-treats-his-mugger-right

Goldin, P., Saltzman, A., & Jha, A. (2008, November). Mindfulness meditation training in families. Paper presented at the *42nd Annual Association for Behavioral and Cognitive Therapies (ABCT) Convention*, Orlando, FL.

Hölzel, B., Carmody, J., Vangel, M., Congleton, C., Yerramsetti, S. M., Gard, T., & Lazar, S. W. (2011). Mindfulness practice leads to increases in regional brain gray matter density. *Psychiatry Research: Neuroimaging*, 191(1), 36–43.

Jazaieri, H., Jinpa, G. T., McGonigal, K., Rosenberg, E. L., Finkelstein, J., Simon-Thomas, E., Cullen, M., Doty, J. R., Gross, J. J., & Goldin, P. R. (2012). Enhancing compassion: a randomized controlled trial of a compassion cultivation training program. *Journal of Happiness Studies*,14(4), 1113-1126. doi:10.1007/s10902-012-9373-z.

Kabat-Zinn, J. (1982). An outpatient program in behavioral medicine for chronic pain patients based on the practice of mindfulness meditation: Theoretical considerations and preliminary results. *General Hospital Psychiatry*, 4(1), 33– 47.

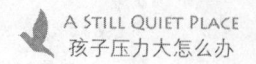

Kabat-Zinn, J. (1990). *Full Catastrophe Living: Using the Wisdom of Your Body and Mind to Face Stress, Pain, and Illness.* New York: Delacorte Press.

Kabat-Zinn, J., Lipworth, L., & Burney, R. (1985). The clinical use of mindfulness meditation for the self-regulation of chronic pain. *Journal of Behavioral Medicine*, 8(2), 163–190.

Kabat-Zinn, J., Lipworth, L., Burney, R. and Sellers, W. (1986). Four-year follow-up of a meditation-based program for the self-regulation of chronic pain: Treatment outcomes and compliance. *Clinical Journal of Pain*, 2(3), 159–173.

Kabat-Zinn, J., & Chapman-Waldrop, A. (1988). Compliance with an outpatient stress reduction program: Rates and predictors of program completion. *Journal of Behavioral Medicine*, 11(4), 333– 352.

Kabat-Zinn, J., and Kabat-Zinn, M. (1997). *Everyday Blessings: The Inner Work of Mindful Parenting.* New York: Hyperion.

Kerrigan, D., Johnson, K., Stewart, M., Magyari, T., Hutton, N., Ellen, J. M., & Sibinga, E. M. (2011). Perceptions, experiences, and shifts in perspective occurring among urban youth participating in a mindfulness-based stress reduction program. *Complementary Therapies in Clinical Practice*, 17(2), 96–101.

Lee, J., Semple, R. J., Rosa, D., & Miller, L. F. (2008). Mindfulness-based cognitive therapy for children: Results of a pilot study. *Journal of Cognitive Psychotherapy*, 22(1), 15–28.

Luthar, S. S. (2003). The culture of affluence: Psychological costs of material wealth. *Child Development*, 74(6), 1581– 1593.

Luthar, S. S., & Barkin, S. H. (2012). Are affluent youth truly "at risk"? Vulnerability and resilience across three diverse samples.

Development and Psychopathology, 24(2), 429–449.

Maccoby, E. E. (1980). *Social Development: Psychological Growth and the Parent-Child Relationship*. New York: Harcourt Brace Jovanovich.

McCown, D., Reibel, D., & Micozzi, M. (2010). *Teaching Mindfulness: A Practical Guide for Clinicians and Educators*. New York: Springer.

Meiklejohn, J., Phillips, C., Freedman, M. L., Griffin, M. L., Biegel, G., Roach, A. et al. (2010). Integrating mindfulness training into K–12 education: Fostering resilience of teachers and students. *Mindfulness*, 3(4),291-307.

Napoli, M., Krech, P. R., & Holley, L. C. (2005). Mindfulness training for elementary school students: The attention academy. *Journal of Applied School Psychology*, 21(1), 99–125.

Neff, K. D., Hsieh, Y. P., & Dejitterat, K. (2005). Self-compassion, achievement goals, and coping with academic failure. *Self and Identity*, 4(3), 263–287.

Neff, K. D., & Germer, C. K. (2013). A pilot study and randomized controlled trial of the mindful self-compassion program. *Journal of Clinical Psychology*, 69(1), 28-44. doi:10.1002/jclp.21923.

Raes, F., Griffith, J. W., Van der Gucht, K., & Williams, J. M. G. (2013). School-based prevention and reduction of depression in adolescents: A cluster-randomized controlled trial of a mindfulness group program. *Mindfulness*. doi:10.1007/s12671-013-0202-1

Riggs, N., Jahromi, L., Razza, R., Dillworth-Bart, J., & Mueller, U. (2006). Executive function and the promotion of social-emotional competence. *Journal of Applied Developmental Psychology*, 27(4), 300–309.

Saltzman, A., & Goldin, P. (2008). Mindfulness-based stress reduction for school-age children. In S. C. Hayes & L. A. Greco (Eds.), *Acceptance and Mindfulness Treatments for Children, Adolescents,* and Families. Oakland, CA: Context Press/New Harbinger Publications.

Santorelli, S. (1999). *Heal Thy Self: Lessons on Mindfulness in Medicine*. New York: Bell Tower.

Schonert-Reichl, K. A., & Lawlor, M. S. (2010). The effects of a mindfulness-based education program on pre-and early adolescents' well-being and social and emotional competence. *Mindfulness*. doi:10.1007/s12671-010-0011-8.

Sibinga, E., Kerrigan, D., Stewart, M., Johnson, K., Magyari, T., & Ellen, J. (2011). Mindfulness-based stress reduction for urban youth. *Journal of Alternative and Complementary Medicine*, 17(3), 213–218.

Zylowska, L., Ackerman, D. L., Yang, M. H., Futrell, J. L., Horton, N. L., Hale, T. S., Pataki, C., & Smalley, S. L. (2008). Mindfulness meditation training in adults and adolescents with ADHD A feasibility study. *Journal of Attention Disorders*, 11(6), 737–746. doi:10.1177/1087054707308502.

致谢

事实上，如果没有下面这些人的基础性和先导性工作及热心的帮助，这项工作显然是不可能完成的。同时，我还要感谢所有那些帮助过他们的其他人。

乔治娜·琳赛。她是一位人生转型教练，在过去25年里一直是我的导师、同事、伙伴和朋友。她把智慧、优雅、严谨与同情完好地结合在一起，并把方法传授给我，激励了我的生活。她对研究怀着很大的热情，分享与实践了大量不同的新老智慧教学方法，让我及她服务的每一个人都收益良多。她崇尚真理、爱、自由，这对我有深刻的影响，并渗透到我工作和生活的方方面面。她教我对自己的傲慢和野心负责，教导我去培育自己最真实的部分。本书中的很多东西都是她教给我的。她就像阳光一样，照耀着盛开的鲜花。

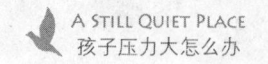

埃里克，我的丈夫，一直在背后默默支持、鼓励我从事这项事业。尽管我们都有各自的缺点和怪癖，也许正因如此，我们在一起相知相守已有29载。

杰森和妮可——我的儿童们，偶尔会让人生气，但他们是快乐的巨大源泉，是我做这项工作的动力，有时还帮助我认识到自己想成为的理想母亲和真实自我之间的差别。

感谢乔·卡巴金，萨卡·圣雷利，弗洛伦斯·梅隆梅尔，费里斯·厄尔巴诺维基，乔治·芒福德，埃拉纳·罗森鲍姆，以及其他正念中心的先行研究者，他们为该项工作的开展奠定了重要基础。

感谢阿米什·杰哈博士拨冗，他用优秀的科学洞察力帮助我检查该书中全部课程的原始数据。

感谢参与并帮助精炼本书内容的所有儿童、父母、老师、指导教师、医生，及联合专业人员。

感谢苏珊·凯泽·格陵兰；吉娜·比格尔，瑞克·建达；梅甘·考恩，贝特西·罗丝；克瑞斯·麦凯纳；苏珊·希姆尔斯坦；黛博拉·舍埃博格，理查德·贝特西；希瑟·松德贝里；科托·沙茶乔伊；大卫·福布斯；棣·斯托泽；罗伯特·华尔；劳里·格罗斯曼；克瑞斯·威拉德，他们都致力于儿童、青少年教育这项微小而有意义的工作，慷慨分享他们的创意、智慧、挑战与欢乐。

致谢

感谢玛格丽特·卡伦、南希·巴达克与北加利福尼亚正念减压中心起居室里的教师成员,他们是我的"前辈",还有来自世界各地的新朋友,他们体验正念,提供灵感和清晰的见解,和我之间有着珍贵的友谊。

感谢鲍勃·斯塔尔及他在埃尔卡密诺医院的正念项目;吉尔·弗恩斯达和智能管理中心家庭项目;儿童与家庭研究所的克瑞斯·古德里奇和罗塞塔·沃尔什;亨利福德小学的琼·库哈尼克,克莱尔·瓦德,贝斯·帕斯,校长金伯利·阿泰尔,斯蒂芬·莫里;橡树诺尔小学瑟丽·凯洛格,凯伦·克兰西,特丽莎·福克斯;希尔维尤中学的苏珊·布罗尚,詹姆斯·格林,劳拉·德莱尼,埃米·美尼亚;门洛阿瑟顿校长马蒂·齐托和朱莉·布罗迪,感谢他们对这项工作的支持与信任。

杰斯·毕比以及在整个新预言者出版团队展现了拓展型编辑的优点,感谢他们。佳思敏·斯达,一位经验丰富的编辑,帮助我查缺补漏,将所有的片段整合成一个连贯的整体。罗伯·勒瑟和芭芭拉·伯恩斯,阅读并精炼了执行力、情商与社会发展的相关章节。感谢我的教练乔治娜;感谢我的妹妹苏珊妮。我的妈妈琳达是一位非常优秀的编辑,她思路清晰、心态开放地读完了整本书,并就需要精细和简化的部分给出了一些建议。

最需要感谢的是《安静的一角》这本书和沉浸在这个精巧、开阔空间的每一位读者。

读者回函表 Readers WIPUB BOOKS

姓名：_____ 性别：_____ 年龄：_____

教育程度：_____ 所在城市：_____

E-mail：_____ 联系电话：_____

您所购买的书籍名称：《孩子压力大怎么办》

您有几个孩子：_____ 孩子性别：_____ 孩子年龄：_____

您在教育孩子的过程中遇到哪些问题：_____

针对"父母学校书系"，您希望我们重点关注哪些养育问题？希望我们出版哪类图书？

_____

您对我们的其他建议或意见：

_____

您可以填完后拍照发送至：
wipub_sh@126.com
或扫描二维码在手机上作答。

期待您的参与！

图书翻译者征集

为进一步提高我们引进版图书的译文质量，也为翻译爱好者搭建一个展示自己的舞台，现面向全国诚征外文书籍的翻译者。如果您对此感兴趣，也具备翻译外文书籍的能力，就请赶快联系我们吧！

您是否有过图书翻译的经验：
☐ 有（译作举例：_____） ☐ 没有

您擅长的语种：
☐ 英语 ☐ 法语 ☐ 日语 ☐ 德语

您希望翻译的书籍类型：
☐ 文学 ☐ 科幻 ☐ 推理 ☐ 心理 ☐ 哲学
☐ 历史 ☐ 人文社科 ☐ 育儿

请将上述问题填写好，扫描或拍照后，发至 wipub_sh@126.com，同时请将您的应征简历添加至附件，简历中着重说明您的外语水平。

更多好书资讯，敬请关注

万墨轩图书
用心做书 做好书 分享好书

父母学校书系
PARENTS' SCHOOL
美好家庭 科学教育

家庭教育最终要走向自我教育。我们希望通过出版国内外专家学者的关于家庭建设、婚姻经营、亲子教育方面的书籍,为父母读者们带来一些启发,并在一定程度上提供有益的指导,帮助父母们更好地进行自我教育。

《屏瘾——当屏幕绑架了孩子怎么办》

[美] 尼古拉斯·卡达拉斯 著 常润芳 译

作者是美国一流的戒瘾治疗专家,他在书中告诉我们:无处不在的发光屏幕科技是如何深深地影响着我们整整一代人的大脑。焦虑、绝望和不稳定的情绪、小儿多动症甚至精神错乱,都与屏幕映像有关。对屏幕映像的过多观看,还会神经性地损伤人的大脑发育,这跟沉迷于可卡因的过程完全一样……尼古拉斯教授结合社会学、心理学,综合文化和经济等各方面因素,解读了正在全球蔓延的技术狂热症,探求了那些闪闪发光的新技术已经和将要对我们的孩子造成怎样的影响,并指出了戒除屏瘾的方法。

《孩子压力大怎么办——用正念缓解压力和坏情绪》

[美] 埃米·萨尔茨曼 著 蒋春平 译

如今的儿童和青少年,承受了来自家庭、学校及同龄人的重重压力。如何才能帮助孩子掌握压力管理的技能,提高自我调节的能力,让他们健康快乐地成长?本书详细介绍了为期8周的正念课程,将帮助青少年改善自己的身体、精神及情感状态,迎接生活的挑战。

《孩子挑食怎么办——五步克服挑食、厌食和进食障碍》

[美] 卡特娅·罗厄尔 珍妮·麦格洛思林 著 贺赛男 译

许多关于孩子挑食方面的书都指出了孩子挑食的原因,但大多缺少实际的指导。本书提出的STEPS+法在全美推广后,得到了广大父母的一致认可。该方法将帮助孩子自主地做出改变,一步步克服挑食、厌食和饮食障碍,享受美食。

《火孩子 水孩子——儿童多动症的五种类型及帮助孩子提高自尊与注意力的方法》

[美] 斯蒂芬·斯科特·考恩 著 刘洋 译

每个孩子的天性都是与生俱来的,很多注意力不集中的孩子并不是患有多动症,只是没有给他们适合的注意力训练。本书将孩子们分为"金木水火土"五类,充分考虑了每个孩子独特注意力的方式,指出缓解造成其多动症状态的方法。

《性别探索之旅——年轻人的性别认同探索指南》

[美] 赖兰·杰伊·特斯塔 德博拉·库尔哈特 杰米·佩塔 著 马茜 译

欢迎加入这场探索之旅。你会发现,为了弄清楚是什么使你成了"你",有很多东西需要探ます!比如,哪些与性别有关的因素使你成了现在的自己;哪些性别之外的因素决定了你的性格、兴趣和自我……本书适合年轻人自己阅读,也适合青少年的父母阅读学习。